固体废物进出口管理
知识问答

GUTIFEIWU JINCHUKOU
GUANLI ZHISHI WENDA

环境保护部科技标准司
中国环境科学学会 主编

中国环境出版社 · 北京

图书在版编目（CIP）数据

固体废物进出口管理知识问答 / 环境保护部科技标准司，中国
环境科学学会主编 . — 北京 : 中国环境出版社，2017.3
（环保科普丛书）
ISBN 978-7-5111-2972-7

Ⅰ . ①固… Ⅱ . ①环… ②中… Ⅲ . ①固体废物管理－进出口限
制—中国—问题解答 Ⅳ . ① X324.2-44

中国版本图书馆 CIP 数据核字（2016）第 295459 号

出 版 人　王新程
责任编辑　沈　建　董蓓蓓
责任校对　尹　芳
装帧设计　金　喆

出版发行　**中国环境出版社**
　　　　　（100062 北京市东城区广渠门内大街 16 号）
　　　　　网　　址：http://www.cesp.com.cn
　　　　　电子邮箱：bjgl@cesp.com.cn
　　　　　联系电话：010-67112765（编辑管理部）
　　　　　发行热线：010-67125803，010-67113405（传真）
印　　刷　北京中科印刷有限公司
经　　销　各地新华书店
版　　次　2017 年 3 月第 1 版
印　　次　2017 年 3 月第 1 次印刷
开　　本　880×1230 1/32
印　　张　4.5
字　　数　100 千字
定　　价　23.00 元

《环保科普丛书》编著委员会

《固体废物进出口管理知识问答》编委会

《环保科普丛书》 序

我国正处于工业化中后期和城镇化加速发展的阶段，结构型、复合型、压缩型污染逐渐显现，发展中不平衡、不协调、不可持续的问题依然突出，环境保护面临诸多严峻挑战。环保是发展问题，也是重大的民生问题。喝上干净的水，呼吸上新鲜的空气，吃上放心的食品，在优美宜居的环境中生产生活，已成为人民群众享受社会发展和环境民生的基本要求。由于公众获取环保知识的渠道相对匮乏，加之片面性知识和观点的传播，导致了一些重大环境问题出现时，往往伴随着公众对事实真相的疑惑甚至误解，引起了不必要的社会矛盾。这既反映出公众环保意识的提高，同时也对我国环保科普工作提出了更高要求。

当前，是我国深入贯彻落实科学发展观、全面建成小康社会、加快经济发展方式转变、解决突出资源环境问题的重要战略机遇期。大力加强环保科普工作，提升公众科学素质，营造有利于环境保护的人文环境，增强公众获取和运用环境科技知识的能力，把保护环境的意识转化为自觉行动，是环境保护优化经济发展的必然要求，对于推进生态文明建设，积极探索环保新道路，实现环境保护目标具有重要意义。

国务院《全民科学素质行动计划纲要》明确提出要大力提升公众的科学素质，为保障和改善民生、促进经济长期平稳快速发展和社会和谐提供重要基础支撑，其中在实施科普资源开发与共享工程方面，要求我们要繁荣科普创作，推出更多思想性、群众性、艺术性、观赏性相统一，人民群众喜闻乐见的优秀科普作品。

环境保护部科技标准司组织编撰的《环保科普丛书》正是基于这样的时机和需求推出的。丛书覆盖了同人民群众生活与健康息息相关的水、气、声、固废、辐射等环境保护重点领域，以通俗易懂的语言，配以大量故事化、生活化的插图，使整套丛书集科学性、通俗性、趣味性、艺术性于一体，准确生动、深入浅出地向公众传播环保科普知识，可提高公众的环保意识和科学素质水平，激发公众参与环境保护的热情。

我们一直强调科技工作包括创新科学技术和普及科学技术这两个相辅相成的重要方面，科技成果只有为全社会所掌握、所应用，才能发挥出推动社会发展进步的最大力量和最大效用。我们一直呼吁广大科技工作者大力普及科学技术知识，积极为提高全民科学素质作出贡献。现在，我们欣喜地看到，广大科技工作者正积极投身到环保科普创作工作中来，以严谨的精神和积极的态度开展科普创作，打造精品环保科普系列图书。衷心希望我国的环保科普创作不断取得更大成绩。

丛书编委会
二〇一二年七月

前言

　　近些年来，不少关于"洋垃圾"的话题时有报道，2014年一部有关塑料垃圾的纪录片通过互联网把废塑料进口推上了风口浪尖，一些小作坊加工废塑料的做法让大家刻骨铭心，吞噬了废塑料再生利用行业的资源化利用价值。一些基本概念亟须厘清，"洋垃圾"和国家允许进口的可用作原料的固体废物是两个不同的概念，"洋垃圾"特指国家禁止进口的固体废物，或国家虽允许进口但不符合《进口可用作原料的固体废物环境保护控制标准》要求的固体废物。进口可用作原料的固体废物是指具有可再生利用价值且符合环境保护控制标准要求的固体废物，进口废物是缓解我国原料资源紧缺的重要途径。

　　我国2014年进口4 960万t废物，相当于节约原木2 039万t、石油1 692万~2 538万t、铁矿石978万t、铝土矿1 048万t、铜精矿950万t。其中，利用进口废塑料可减少二氧化碳排放2 115万t，对推动我国实现气候变化大会上做出的温室气体减排承诺也具有重要意义。除了我国，像美国、日本、欧盟等发达国家或地区，以及越南、印度等发展中国家也都允许固体废物进口。

　　诚然，进口固体废物在国外供货、检验检疫、通关、加工利用等系列环节中均存在一定的环境风险，如夹带生活垃圾、倒买倒卖、非法拆解等。因此，为加强废物越境转移和《巴塞尔公约》履约能力，应有效控制国际

Ⅴ

废物转移至我国境内污染环境。为了保证进口废物品质、防止"洋垃圾"非法越境转移，我国专门建立了进口废物管理目录、进口许可审查、"圈区管理"等多项制度，颁布和修订了《进口可用作原料的固体废物环境保护控制标准》，对进口废物中禁止夹带的物质、夹带物的含量以及如何检验等内容做出了详细规定。

在加强政府监管的同时，还需积极发挥社会监督的强大力量，共同抵制固体废物的非法越境转移和加工利用。本书较系统地梳理了固体废物进出口的相关概念、管理规定、鉴别、加工利用及其污染控制、风险防范和公众参与等基础知识，力求通俗易懂、图文并茂地阐述有关科学知识。

本书的主要执笔人员如下：第一部分，李淑媛、黎文威；第二部分，兰孝峰、姚杰；第三部分，张喆、李淑媛；第四部分，李岩、周炳炎、于泓锦；第五部分，鞠红岩、聂晶磊；第六部分，刘刚、兰孝峰；第七部分，周强、郭琳琳；第八部分，李玉爽、何艺。

在本书的编写过程中，中国环境科学学会固体废物分会、环境保护部固体废物与化学品管理技术中心委派专家参与了本书的编写工作，在此一并感谢！由于水平有限，加之时间仓促，书中难免有疏漏、不妥之处，敬请广大读者批评指正！

编　者

二〇一六年一月

VI

第一部分　基本知识　1

1. 什么是固体废物？ /2

2. 什么是危险废物？ /3

3. 什么是一般固体废物？ /4

4. 什么是原生资源？ /5

5. 什么是再生资源？ /6

6. 什么是固体废物进口？ /6

7. 为什么要进口固体废物？ /7

8. 固体废物进口需经过哪些流程？ /8

9. 什么是"洋垃圾"？ /9

10. 哪些固体废物可以进口？ /10

11. 哪些废纸允许进口？ /11

12. 哪些废塑料允许进口？ /13

13. 哪些固体废物禁止进口？ /14

14. 危险废物为何不允许进口？/15

15. 生活垃圾为何不允许进口？ /16

16. 医疗废物为何不允许进口？/17

17. 电子废物允许进口吗？ /19

18. 报废汽车允许进口吗？ /20

19. 废汽车压件允许进口吗？ /21

20. 我国进口的废物主要来自哪些国家和地区？ /22

21. 其他国家也进口固体废物吗？ /23

目录

VII

第二部分 **进口废物的利用价值 25**

22. 我国近年来固体废物总体进口情况如何？ /26

23. 进口的固体废物主要有哪些种类？ /27

24. 进口的固体废物主要品种走势如何？ /28

25. 进口废纸对资源节约的意义是什么？ /29

26. 进口废塑料对资源节约的意义是什么？ /30

27. 进口废钢铁对资源节约的意义是什么？ /31

28. 进口废五金类对资源节约的意义是什么？ /33

29. 进口铜废碎料对资源节约的意义是什么？ /34

30. 进口铝废碎料对于资源节约的意义是什么？ /35

31. 进口废船对资源节约的意义是什么？ /36

32. 进口废纸对节能减排的贡献有多大？ /37

33. 进口废塑料对节能减排的贡献有多大？ /38

34. 进口废钢铁对节能减排的贡献有多大？ /39

35. 进口废五金类对节能减排的贡献有多大？ /39

36. 进口铜废碎料对节能减排的贡献有多大？ /40

37. 进口铝废碎料对节能减排的贡献有多大？ /41

38. 进口废船对节能减排的贡献有多大？ /42

第三部分 **固体废物的鉴别 43**

39. 什么是固体废物鉴别？ /44

40. 固体废物鉴别的依据是什么？ /44

41. 固体废物鉴别和进口固体废物目录有什么关系？ /45

42. 哪些机构可以承担固体废物鉴别工作？ /46

43. 固体废物鉴别应用在哪些方面？ /48

44. 《固体废物鉴别导则（试行）》建立了怎样的鉴别判断程序？ /49

45. 为什么要制定固体废物鉴别标准？ /51

46. 固体废物鉴别就是检验或实验分析吗？ /51

47. 危险废物鉴别在固体废物管理中有哪些应用？ /52

48. 如何进行固体废物的现场鉴别？ /53

49. 哪些进口货物适合采取现场鉴别方式？ /54

50. 现场鉴别结果如何判定？ /55

51. 以毛皮和皮革废物为例，产品类废物的鉴别过程是怎样的？ /57

第四部分　进口废物管理　59

52. 进口废物管理的法律法规体系是怎样的？ /60

53. 《固体废物污染环境防治法》中对于进口废物管理都有哪些规定？ /61

54. 进口固体废物管理有哪些重要的部门规章？ /62

55. 进口废物管理的环境保护控制标准有哪些？ /63

56. 为什么固体废物进口需要环境保护控制标准？ /64

57. 进口废物的主要监管机构有哪些？ /65

58. 进口废物的国内管理制度主要有哪些？ /66

59. 什么是目录管理制度？ /67

60. 什么是许可审查制度？ /68

61. 什么是"圈区管理"制度？ /69

62. 什么是检验检疫制度？ /70

63. 什么是进口废物国外供货商？ /71

64. 什么是进口废物国外供货商注册登记制度？ /71

65. 什么是进口废物国内收货人？ /72

66. 什么是进口废物国内收货人注册登记制度？ /72

67. 什么是争议解决机制？ /73

68. 什么是退运与处理机制？ /74

69. 什么是特殊监管区域规定？ /75

70. 什么是废五金类废物定点企业资质认定制度？ /76

71. 固体废物进口许可证应如何办理？ /77

72. 进口废物的国际间合作机制主要有哪些？ /78

73. 内地与港澳特区之间是否建立进口废物领域的两地间转移合作机制？ /79

74. 进口废物需要检验几次？ /80

75. 什么是进口废物"装运前检验"？ /81

76. 进口废物的运输要求有哪些？ /82

77. 进口废物"圈区管理"有哪些好处？ /83

78. 进口废物"圈区管理"园区有多少个？ /84

79. 其他国家和地区的进口废物管理有哪些特点？ /85

第五部分　进口废物的加工利用及其污染控制　87

80. 废纸如何加工利用？ /88

81. 废纸加工利用过程污染如何控制？ /89

82. 废塑料如何加工利用？ /89

83. 废塑料加工利用过程污染如何控制？ /90

84. 废钢铁如何加工利用？ /92

85. 废钢铁加工利用过程污染如何控制？ /93

86. 废五金类如何拆解加工利用？ /94

87. 废五金类加工利用过程污染如何控制？ /95

88. 铜废碎料如何加工利用？ /96

89. 铜废碎料加工利用过程污染如何控制？/97

90. 废船如何拆解？/98

91. 废船拆解过程污染如何控制？/99

92. 我国加工利用进口固体废物企业有多少？/100

93. 我国进口废物加工利用企业主要分布在哪里？/102

第六部分　进口废物的潜在风险控制　103

94. 进口固体废物有特殊污染风险吗？/104

95. 固体废物进口哪些过程存在环境污染风险？/105

96. 进口废物的夹杂物风险如何控制？/106

97. 进口废物过程的走私风险如何控制？/107

98. 进口固体废物倒卖对环境有哪些影响？/107

99. 进口废物加工利用环节环境风险如何控制？/108

100. 进口废物残余物处置风险如何控制？/108

101. 进口废物的辐射危害风险如何控制？/109

102. 进口废物的运输风险如何控制？/110

103. 进口废塑料贮存风险如何控制？/110

104. 进口废纸的贮存风险如何控制？/111

105. 进口废金属的贮存风险如何控制？/111

第七部分　危险废物出口管理　113

106. 什么是固体废物出口？/114

107. 我国的危险废物可以出口吗？/114

108. 危险废物出口需要办理哪些特别的手续？/115

109. 哪些单位可以申请出口危险废物？/115

110. 哪些危险废物的出口需要履行预先通知程序？/116

111. 我国现阶段出口的危险废物都有哪些种类？/117

112. 我国的危险废物都出口到哪些国家？/118

113. 上述危险废物为什么出口？/119

第八部分　公众参与和社会责任　121

114. 进口固体废物与我们有关吗？/122

115. 能否在家从事进口废物加工利用？/122

116. 公众发现有不规范经营进口废物该怎么办？/122

117. 发现进口旧衣物（旧服装）后该如何处理？/124

118. 进口废物的代理企业有哪些社会责任？/125

119. 进口废物的加工利用企业有哪些社会责任？/125

120. 媒体对废物进口可发挥哪些作用？/126

121. 废塑料进口舆论宣传应注重哪些方面？/126

固体废物 **GUTI FEIWU**
JINCHUKOU GUANLI ZHISHI WENDA

进出口管理知识问答

第一部分　基本知识

1. 什么是固体废物？

　　《中华人民共和国固体废物污染环境防治法》中明确定义的固体废物，是指在生产、生活和其他活动中产生的丧失原有利用价值或者虽未丧失利用价值但被抛弃或者放弃的固态、半固态和置于容器中的气态的物品、物质以及法律、行政法规规定纳入固体废物管理的物品、物质。其中，固态的如废玻璃瓶、报纸、塑料袋、木屑等；半固态的如污泥、油泥、粪便等；置于容器中的液态或气态的如废酸、废油、废有机溶剂等。

生产、生活和其他活动中产生的丧失原有利用价值或者虽未丧失利用价值但被抛弃或者放弃的固态、半固态和置于容器中的气态的物品都是固废！

　　固体废物的分类方法有多种，按其组成可分为有机废物和无机废物；按其形态可分为固态废物、半固态废物、液态废物和气态废物；按其环境污染危害程度可分为危险废物和一般废物等；按其来源可分为生产、消费和环境治理工程产生的固体废物。

固体废物的概念非常广泛，既包括工业生产过程产生的，也包括生活消费环节产生的。同时，固体废物的概念随时空的变迁而具有相对性。"固体废物"实际只是针对原所有者而言的，原所有者抛弃或放弃的固体废物，经过一定的加工和处理，可以转变为相关行业中的生产原料，甚至可以直接使用。

2. 什么是危险废物？

危险废物，是指列入《国家危险废物名录》或者根据国家规定的危险废物鉴别标准和鉴别方法认定的具有危险特性的固体废物。

危险废物是具有腐蚀性、毒性、易燃易爆性、化学反应性或者感染性，以及可能对环境或者人体健康造成有害影响的固体废物或置于容器中的液态或气态废物，如废矿物油、废铅酸蓄电池、医疗废物、废荧光灯管等。

3. 什么是一般固体废物？

一般固体废物是按照固体废物环境污染危害程度来划分的，所以，固体废物中不属于危险废物的均属于一般固体废物，通常包括一般工业固体废物和一般生活废物。

常见的一般工业固体废物有工业生产过程产生的采矿废石，选矿尾矿等各种废渣、污泥、粉尘、粉煤灰等。我们日常生活中常见的一般固体废物有建筑垃圾、废纸、饮料罐、废金属等。

4. 什么是原生资源?

原生资源是指人类从自然界直接获取的、未经人类加工转化的自然资源，即来源于自然界的资源。

原生资源包括石油、铁矿石、木材、煤炭等。

5. 什么是再生资源?

再生资源是指在社会生产和生活消费过程中产生的，已经失去原有全部或部分使用价值，经过回收、加工处理，能够使其重新获得使用的各种废弃物。

再生资源包括废纸、废旧金属、废塑料、报废电子产品、报废机电设备及其零部件、废棉、废玻璃等。

6. 什么是固体废物进口?

固体废物进口是指将中华人民共和国境外的具有可再生利用价值且符合环境保护控制标准要求的固体废物运入中华人民共和国境内加工利用的活动。比如，将国外的废纸、废塑料等资源性固体废物（无害性废物）运到中国生产包装纸箱、再生塑料等的活动。

此外，从港、澳、台输入到大陆的固体废物也纳入固体废物进口管理范畴。

7. 为什么要进口固体废物？

随着我国全球经济一体化进程的推进，经济活动与世界经济密不可分，我国的部分制造业为全球提供产品，如洗衣机、冰箱等。生产大量产品势必需要大量的原材料，从其他国家把报废产品或包装物加工利用，也是解决原材料不足的一种方式。

我国是一个制造业大国，同时也是自然资源相对贫乏的国家，为支撑我国经济发展的需要，资源供给是个大问题。为保护生态环境，减少原生资源消耗，再生资源的利用显得尤为重要。再生资源从来源可分为国内再生资源和进口再生资源。进口固体废物（进口再生资源）对缓解我国资源短缺、协同促进产业结构调整和节能减排发挥了重要作用。通过技术和经济手段，采用先进的管理措施，可用作原料的固体废物进口实现了资源的合理加工利用。

8. 固体废物进口需经过哪些流程？

固体废物进口主要涉及质检、海关、环保等部门的管理。首先，国外供货企业应在质检部门办理境外供货商注册登记；其次，进口企业需在质检部门办理国内收货人注册登记，在取得以上两项资格证书后，进口企业需在环保部门办理进口废物许可证。进口企业在取得进口废物许可后，方可办理固体废物进口手续。

另外，固体废物在出口前，应办理装运前检验手续，符合要求的废物才能装船出口；固体废物在入境前，要办理检验检疫手续，符合要求的到海关办理查验通关手续。

对于未通过装运前检验的，不得出口；对于未通过入境检验检疫的，将依法责令进口者或者承运人在规定的期限内将有关固体废物原状退运至原出口国，并规定进口者或者承运人不得抛弃有关固体废物。

9. 什么是"洋垃圾"?

"洋垃圾"不等于从国外进口的所有固体废物,而是指国家禁止进口的固体废物,或国家虽允许进口但不符合《进口可用作原料的固体废物环境保护控制标准》要求的固体废物。

　　1996年4月发生在北京市平谷县的非法处置进口固体废物案件是一起典型的进口"洋垃圾"的例子。1995年9—10月,北京市平谷县西峪村某造纸厂购买"进口废纸"639 t,企业对这批废纸进行分

拣的过程中，发现其中混杂大量垃圾，企业非但未向环保等有关部门反映，反而非法销售100余t，非法牟利经营额10万余元。经群众揭发，环保部门立即组织开展调查，据北京市环境保护监测中心取样分析，发现这批所谓"进口废纸"杂质含量超过50%，主要有大量的塑料垃圾、卫生间废弃物、易腐有机物、一次性注射器、废药瓶、废医用手套等危险废物和性质不明的废物。此外，还发现大量毒菌和活的虫体，并散发浓烈恶臭。

部分媒体报道误导民众以为国家允许进口的可用作原料的固体废物也是"洋垃圾"，这种概念是不正确的。

10. 哪些固体废物可以进口？

我国进口固体废物管理体系采取分类管理目录制度，对目录实行动态调整。环境保护部、商务部、国家发展改革委、海关总署和国家质检总局联合发布了《进口废物管理目录》（2015年），该目录包括《禁止进口固体废物目录》《限制进口类可用作原料的固体废物目录》和《非限制进口类可用作原料的固体废物目录》，列入《限制进口类可用作原料的固体废物目录》和《非限制进口类可用作原料的固体废物目录》，且具有相应的环境保护控制标准或要求的固体废物才可以进口。

截至2015年，列名限制进口类固体废物的有废纸、废塑料、废五金、氧化皮、废船等十大类55种废物，其中，糖蜜、云母废料、硅废碎料、未硫化橡胶废碎料及下脚料、皮革边角料等4类7种废物由于目前没有环境保护控制标准，所以尚不能办理进口许可手续。列名非限制进口类固体废物的有铜废碎料、铝废碎料、废钢铁、锌废碎料和木废碎料等两大类 18 种废物。

具体废物种类可在《进口废物管理目录》（2015 年）中查询。

11. 哪些废纸允许进口？

纸制品与我们的生活密不可分，需求量非常大，如电器、水果的外包装箱、打印纸、新闻纸等，这些物品一旦废弃后可以回收多次利用，不过利用的次数越多，其纤维的长度越短，所生产的纸制品质量就越差。所以，在符合产品质量的前提下，生产中废纸和原生纸浆可以根据一定比例混合使用。美国等国家森林资源发达，造纸多使用原生纸浆，而我国森林资源匮乏，每年都会从美国等国家进口大量废纸进行再生利用，进口废纸约占我国废纸综合利用量的 40%。

废纸属于限制进口类废物，允许进口的废纸主要包括：回收（废碎）的未漂白牛皮、瓦楞纸或纸板（海关商品编号：4707100000）；回收（废碎）的漂白化学木浆制的纸盒纸板（未经本体染色）（海关商品编号：4707200000）；回收（废碎）的机械木浆制的纸或纸板（如废报纸、杂志及类似印刷品）（海关商品编号：4707300000），其他回收纸或纸板（包括为分选的废碎品，不包括废墙纸、涂蜡纸复写纸、无碳复写纸、热敏纸、沥青防潮纸、不干胶纸、浸油纸、使用过的液体包装纸等）（海关商品编号：4707900090）。

---

12. 哪些废塑料允许进口？

　　塑料产品遍布生活方方面面，如塑料水盆、水管、桌椅、窗框等。塑料是一种可再生循环使用的物质，废塑料经过再生可用于生产多种塑料产品。比如，建筑用的下水管、门窗等；生活用的垃圾桶、垃圾袋等；生产汽车用的挡泥板、通风管、风扇等；生产家用电器用的电视机、空调器的外壳等。

允许进口的废塑料可制作成为常见的生活用品

再生塑料下水管

垃圾桶

通风管

家用电器外壳

废塑料属于限制进口类废物，允许进口的废塑料包括：

乙烯聚合物的废碎料及下脚料

苯乙烯聚合物的废碎料及下脚料

聚对苯二甲酸己二醇酯废碎料及下脚料

其他塑料的废碎料及下脚料

氯乙烯聚合物的废碎料及下脚料

　　废塑料属于限制进口类废物，允许进口的废塑料包括：乙烯聚合物的废碎料及下脚料（海关商品编号：3915100000）、苯乙烯聚合物的废碎料及下脚料（海关商品编号：3915200000）、氯乙烯聚合物的废碎料及下脚料（海关商品编号：3915300000）、聚对苯二甲酸己二醇酯废碎料及下脚料（海关商品编号：3915901000）及其他塑料的废碎料及下脚料（海关商品编号：3915909000）5个品种。

13. 哪些固体废物禁止进口？

列入《禁止进口固体废物目录》的固体废物禁止进口，目前共有12类94种废物禁止进口。其中，前面93种均有明确的废物名称，考虑废物种类繁杂的特性，第94种"其他未列名固体废物"一项，凡目前不属于限制进口类废物目录、非限制进口类废物目录和禁止进口类废物目录中前93种的固体废物均属于此项，禁止进口。

　　禁止进口废物目录中 12 类分别是：① 废动植物产品，如废人发、猪毛废料等 9 个编码；② 矿渣、矿灰及残渣，如焚烧城市垃圾所产生的灰、渣等 23 个编码；③ 废药物 1 个编码；④ 杂项化学品废物，如城市垃圾、医疗废物等 10 个编码；⑤ 废橡胶、皮革，如废轮胎及其切块等 4 个编码；⑥ 废特种纸，如回收复写纸等 1 个编码；⑦ 废纺织原料及制品，如旧衣服等 3 个编码；⑧ 废玻璃 1 个编码；⑨ 金属和金属化合物的废物，如沉积铜等 16 个编码；⑩ 废电池 1 个编码；⑪ 废弃机电产品和设备及其未经分拣处理的零部件、拆散件、破碎件，如废打印机、洗衣机、废荧光灯管等办公、家用废物等 9 个编码；⑫ 其他，包括废石棉、废涂料及废油漆等 16 个编码，其他未列名固体废物也包含其中。

14. 危险废物为何不允许进口？

　　由于危险特性的存在，危险废物在运输、贮存、利用及处置过程中都存在一定的环境风险。例如，不规范的运输可能会使有害气体、粉尘进入大气中污染环境；焚烧温度控制不当，可能会产生二噁英等有毒气体；填埋防渗措施不到位，可能会污染地下水等。为全面确保环境安全，我国在危险废物的管理方面，投入了大量的人力和物力，相继出台了一系列的污染控制标准和技术规范，以加强危险废物的监督管理，避免不规范的运输、贮存、利用及处置带来环境污染或损害人体健康。

　　另外，我国的危险废物处置能力严重不足。由于危险废物处置项目选址困难、设备老化等原因，造成危险废物处置量小于产生量，出现危险废物长期堆存的现象。

综合考虑危险废物的危险特性、环境风险、管理成本、处置能力等方面的原因，我国在《固体废物污染环境防治法》中禁止境外废物进境倾倒、堆放和处置，并禁止危险废物经我国过境转移；在《固体废物进口管理办法》中，明令禁止危险废物的进口。

15. 生活垃圾为何不允许进口？

生活垃圾，是指在日常生活中或者为日常生活提供服务的活动中产生的固体废物以及法律、行政法规规定视为生活垃圾的固体废物。生活垃圾明确列在《禁止进口固体废物目录》第四类序号 35 的城市垃圾类别中，属于"洋垃圾"，不允许进口。

生活垃圾来源广泛、成分复杂，数量庞大，携带并产生大量含病原体的有害物质，在收集、运输、处置过程中垃圾所含的和产生的有害成分会对大气、土壤、水体造成污染，不仅严重影响城市环境质量，而且威胁人们身体健康，成为社会公害之一。

16. 医疗废物为何不允许进口？

医疗废物一般是指医疗卫生机构在医疗、预防、保健以及其他相关活动中产生的具有直接或者间接感染性、毒性以及其他危害性的废物。医疗废物属于《国家危险废物名录》中的 HW01 类危险废物。

我国禁止进口危险废物，因此医疗废物也被禁止进口。

医疗废物处置不当可能会引起严重的后果。针对医疗废物的管理，我国出台了《医疗废物管理条例》（国务院令第588号修订）。根据该条例，禁止任何单位和个人转让、买卖医疗废物；每个县级市均应建设医疗废物集中处置设施，医疗废物的处置遵从就近集中处置原则；禁止通过铁路、航空运输，有陆路通道的禁止水路运输；医疗废物暂时贮存的时间不得超过两天；等等。国外的医疗废物进口至我国违反上述规定。

17. 电子废物允许进口吗？

  电子废物是指废弃的电子电器产品、电子电气设备（以下简称产品或者设备）及其废弃零部件、元器件和原国家环境保护总局会同有关部门规定纳入电子废物管理的物品、物质，包括工业生产活动中产生的报废产品或者设备、报废的半成品和下脚料，产品或者设备维修、翻新、再制造过程产生的报废品，日常生活或者为日常生活提供服务的活动中废弃的产品或者设备，以及法律法规禁止生产或者进口的产品或者设备。

  目前，我国对电子废物实行禁止进口的管理政策。

  列入《禁止进口固体废物目录》中的废打印机、复印机等废弃计算机类设备和办公用电器电子产品，废空调、冰箱等废弃家用电器电子产品，废电话机、传声器等废弃通讯设备，废录音机、电视机等废弃视听产品及广播电视设备和信号装置，废弃游戏机，废荧光灯管、放电管等废弃照明设备，废电容器、印刷电路等废弃电器电子元器件，废弃医疗器械和射线应用设备，以及其他废弃机电产品和设备等不允许进口；还包括未清除电器电子元器件及铅、汞、镉、六价铬、多溴联苯（PBB）、多溴二苯醚（PBDE）等有害物质的零部件、拆散件、破碎件、砸碎件等均不允许进口。

18. 报废汽车允许进口吗？

汽车作为工业文明的重要产物之一，集聚了各种技术和材料。报废后将包含废弃的塑料、纺织材料、金属、玻璃、轮胎、皮革、扬

声器等可再生利用的资源，同时也包含废弃的蓄电池、灭火器及密封压力容器、机油、残余燃油、制冷剂、催化剂等物质，这些物质均属于《禁止进口固体废物目录》中的废物，因此报废汽车不允许进口。

19. 废汽车压件允许进口吗？

废汽车压件列在《限制进口类可用作原料的固体废物目录》中，进口公司在取得环保许可的情况下是允许进口的。

卸下来的汽车零件
只能在当地处理

废汽车压件是指丧失使用功能而且经过压制等处理的不可恢复原状的废汽车产品。

废汽车压件列在《限制进口类可用作原料的固体废物目录》中，

在取得环保许可的情况下是允许进口的。但进口的废汽车压件应符合《进口可用作原料的固体废物环境保护控制标准——废汽车压件》（GB 16487.13—2005）的标准要求，应拆除安全气囊、蓄电池、灭火器及密封压力容器、机油、齿轮油、燃油及燃气、制动液、冷却液、制冷剂、催化剂和轮胎等组成部分，限制包括废木料、废纸、废橡胶、热固性塑料以及遗留在车上的生活垃圾的混入，规定其总重量不应超过进口汽车压件的 1%。

20. 我国进口的废物主要来自哪些国家和地区？

依据近十年的统计数据，我国进口的废物主要来自美国、日本、英国、欧盟、中国香港等发达国家和地区。其中，中国香港作为贸易自由港的特殊地位，主要以转口贸易为主。

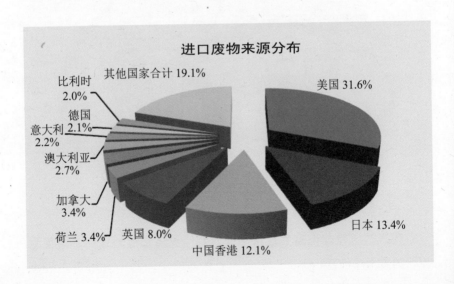

进口废物来源分布

其他国家合计 19.1%
比利时 2.0%
德国 2.1%
意大利 2.2%
澳大利亚 2.7%
加拿大 3.4%
荷兰 3.4%
英国 8.0%
中国香港 12.1%
美国 31.6%
日本 13.4%

以 2014 年为例，美国、英国、日本和加拿大是废纸进口的主要来源国，合计占废纸进口总量的 74.4%；废塑料进口主要来自中国香港、日本、美国和德国，合计占废塑料进口总量的 65.5%；废五金进口主要来自日本、中国香港、美国和马来西亚，合计占废五金进口总量的 80.2%；氧化皮，俗称氧化铁皮，进口主要来自印度、泰国、印度尼西亚、巴基斯坦、土耳其和埃及，合计占氧化皮进口总量的 59.6%；铝废碎料进口主要来自美国、中国香港、马来西亚、澳大利亚和英国，合计占铝废碎料进口总量的 85.8%；铜废碎料进口主要来自美国、英国、墨西哥、德国和中国香港，合计占铜废碎料进口总量的 56.4%；废船进口主要来自印度尼西亚、巴拿马、澳大利亚、阿曼、韩国和新加坡，合计占废船进口总量的 55.9%；废钢铁进口主要来自美国、日本、中国香港和澳大利亚，合计占废钢铁进口总量的 89.9%。

21. 其他国家也进口固体废物吗？

一个国家是否进口固体废物的原因很多，一方面进口可再利用的固体废物来弥补资源的短缺；另一方面与国家的经济结构、产业发展阶段有密切关系，各国情况不尽相同。

比如，美国作为发达国家，制定了《资源保护与回收法》，并建立了一套相对完善的固体废物污染防治与资源循环利用管理体系，对作为原料的废物未禁止进口。欧盟有《废物装运条例》，条例中对固体废物实行分类管理，根据废物对环境的有害属性，将废物划分为禁止出口的废物、"琥珀色"废物和"绿色"废物目录进行管理；日本进口品质好的废物，包括废钢铁、废塑料、废纸、废铜、废铝等；越南允许进口某些可用作工业生产再生原料的废料；印度允许对用于再生利用的金属废料、废纸和其他非危险废物的进口，进行许可管理。

关于进口废物各国情况不尽相同

美国	对作为原料的废物未禁止进口
欧盟	根据废物对环境的有害属性，将废物划分为禁止出口的废物、"琥珀色"废物和"绿色"废物目录进行管理
日本	进口品质好的废物，包括废钢铁、废塑料、废纸、废铜、废铝等
越南	允许进口某些可用作工业生产再生原料的废料
印度	允许对用于再生利用的金属废料、废纸和其他非危险废物的进口

固体废物
GUTI FEIWU
JINCHUKOU GUANLI ZHISHI WENDA

进出口管理知识问答

第二部分
进口废物的利用价值

22. 我国近年来固体废物总体进口情况如何?

我国 2005 年进口可用作原料的固体废物 3 945 万 t,进口金额 118 亿美元;2009 年以前,每年持续以 10% 左右的速度增长,到 2009 年达到峰值 5 676 万 t,进口金额 224 亿美元。因 2008 年国际金融危机的滞后影响,2010 年进口量减少到 4 815 万 t,之后几年有

所增长，2011—2013 年，每年进口 5 400 万 t 左右。由于全球经济的普遍衰退、我国部分制造业转出去等多种原因，我国经济增速变缓，进入新常态发展阶段，进口废物数量随之下降，2014 年进口量为 4 960 万 t 左右，进口金额 291 亿美元。

23. 进口的固体废物主要有哪些种类？

我国是进口废物大国，近十年来每年约有 5 000 万 t 的可用作原料的固体废物进口。

我国是进口废物大国，近十年来每年约有 5 000 万 t 的可用作原料的固体废物进口，主要进口种类包括：废纸、废塑料、废五金（废五金是限制进口类废物目录中以回收钢铁为主的废五金电器、以回收铜为主的废电机、以回收铝为主的废电线3种混合金属废物的统称)、废铜、废铝、废钢铁等。以2014年为例,按实际进口数量递减排序,前八位依次为废纸(占废物进口总量的57.08%)、废塑料(占17.05%)、废五金(占11.33%)、氧化皮(即氧化铁皮,占5.15%)、铝废碎料(占3.76%)和铜废碎料(占1.95%)、废船(占1.77%)、废钢铁(占0.75%),合计占进口废物总量的98.84%。

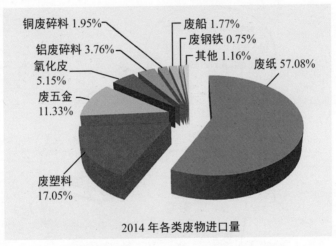

2014年各类废物进口量

24. 进口的固体废物主要品种走势如何?

不同种类的废物进口情况不完全相同,2000—2014年的进口数据显示,废纸的进口数量基本上持续上升,并趋于稳定,近几年每年进口2 800万t左右;废塑料的进口保持稳定增长,近年来维持在每年800万t左右;废五金在2007年以前不断增长,之后呈现缓慢下降的趋势,近几年进口量为每年500多万t;铝废碎料进口稳定并小幅增长，进口量在 180 万 t 左右；铜废碎料进口在平稳中有下降的趋势，近年来保持在 100 万 t 左右；废钢铁进口振幅较大，在 2005 年前基本上持续稳定小幅增长，2005—2008 年进口量急速下降，2009 年猛力反弹后持续下滑，2014 年进口数量不足 40 万 t。

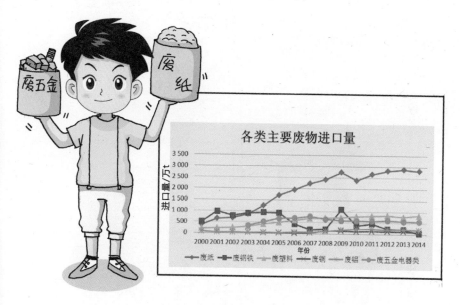

25. 进口废纸对资源节约的意义是什么？

纸是国民生产生活中的必需品而且消费量极大，据《中国资源综合利用 2014 年度报告》统计，近年来，我国纸与纸板的年消费量已近亿吨，假如全部利用原木生产，将消耗约 9 000 万 t 的木材。

为了保护我国的生态环境和自然资源，减少对木材的砍伐，通常会利用大量废纸造纸。目前，废纸分国内回收和国外进口两种来源，近年来，年进口废纸量占我国废纸综合利用量的 40% 左右。以 2013

固体废物 GUANLI ZHISHI WENDA
进出口管理知识问答 30

年为例，我国进口各类废纸 2 924 万 t，废纸综合利用量约为 7 301 万 t，进口废纸占综合利用量的 40%，利用进口废纸造纸，可节约木材约 2 630 万 t。可见，进口废纸对节约资源意义重大。

26. 进口废塑料对资源节约的意义是什么？

生产塑料的原料来自于石油资源，由于其质轻、经久耐用、易成形加工、应用广泛，塑料产品遍布生活的方方面面。

塑料是一种可再生利用的材料，塑料产品废弃后还可以循环利用。我国石油资源消费缺口很大，废塑料的再生利用是解决我国原料紧缺的重要途径。近年来，废塑料进口量占废塑料再生利用量的 36% ～ 42%。2014 年我国进口废塑料 846 万 t，按照每生产 1t 塑料需消耗 2 ～ 3t 原油来测算，相当于节约原油 1 692 万～ 2 538 万 t。

27. 进口废钢铁对资源节约的意义是什么？

废钢铁就是不能按原用途使用且必须作为熔炼回收使用的钢铁碎料及钢铁制品，可用于钢铁循环。

废钢铁是一种可无限循环使用的再生资源，增加废钢铁供应能力是缓解对铁矿石依赖的重要途径。废钢铁自然损耗很小，每吨废钢铁基本上可再生 1t 铁。废钢铁的利用可减少原生资源的开采，有利于生态平衡，有利于人和自然和谐，因此又被称为"城市矿山"。每利用 1t 废钢，可减少 1.7t 精矿粉的消耗，可以减少 4.3t 原矿的开采。另外，废钢铁是一种载能资源，与铁矿石相比，用废钢直接炼钢可节约能源 60%，其中每多用 1t 废钢可少用 1t 生铁，可节约 0.4t 焦炭或 1t 左右的原煤。

2014 年，我国直接进口废钢铁以及从其他废物中拆解出来的废钢铁合计 575t，相当于节约铁矿石 978 万 t，节约 230 万 t 焦炭。

2014年，我国直接进口废钢铁以及从其他废物中拆解出来的废钢铁合计575t，相当于节约铁矿石978万t，节约230万t焦炭。

28. 进口废五金类对资源节约的意义是什么？

　　废五金类资源包括限制进口类目录中以回收钢铁为主的废五金电器（海关商品编号：7204490020）、以回收铜为主的废电机等（海关商品编号：7404000010）、以回收铝为主的废电线等（海关商品编号：7602000010）3种混合金属废物。随着国内经济持续高速的发展，资源需求更加旺盛，对金属资源的需求更是持续升温。废五金类产品中蕴含有丰富的可再生资源，拆解产生的废金属对于缓解我国金属资源短缺具有重大意义。据测算，进口废五金类拆解后所产生的废铜、废铝、废钢铁和废塑料的回收系数分别为0.17、0.08、

0.6 和 0.11。以 2014 年为例，我国进口废五金类废物 562 万 t，拆解后得到废钢铁 337 万 t、废铜 96 万 t、废铝 45 万 t、废塑料 62 万 t，可节约精铁粉矿 573 万 t、铜精矿 480 万 t、铝土矿 214 万 t、原油 124 万～ 186 万 t。

29. 进口铜废碎料对资源节约的意义是什么？

2014年进口铜废碎料及从进口废五金类拆解得到的废铜合计190万 t，相当于节约含铜品位20%的铜精矿950万 t。

再生铜生产流程短，工艺简便，可节省生产成本。

废铜是指铜工业生产过程中产生的废料或通过回收再生的废铜。铜废碎料是一种载能、可循环利用的资源。目前铜矿资源日益减少，矿石品位越来越低，节约铜矿资源显得更重要。

进口回收利用铜废碎料，对于减少我国资源的开发、实现节能减排、促进经济发展具有重要意义。同时再生铜生产流程短，工艺简便，可节省生产成本，降低能量消耗，减少环境污染。2014年进口铜废碎料及从进口废五金类拆解得到的废铜合计190万t，相当于节约含铜品位20%的铜精矿950万t。

30. 进口铝废碎料对于资源节约的意义是什么？

2014年进口铝废碎料及从进口废五金类拆解得到的铝废合计220万t，相当于节约铝土矿1 048万t。

废铝是指在铝工业生产过程中产生的废料或通过回收再生的废铝。铝废碎料是一种载能、可循环利用的资源。

进口回收利用铝废碎料，可大量减少铝矿资源开采。同时再生铝生产流程短，工艺简便，可节省生产成本，降低能量消耗，减少环境污染。因此，利用进口铝废碎料，对于减少资源开发、实现节能减排、促进经济发展具有重要意义。2014 年进口铝废碎料及从进口废五金类拆解得到的铝废合计 220 万 t，相当于节约铝土矿 1 048 万 t。

31. 进口废船对资源节约的意义是什么？

2014年我国共进口废船88万t，拆解后得到79万t废钢铁，相当于节省134t精铁矿粉。

废船是指供拆卸的船舶及其他浮动结构体。废船拆解是一项减少船舶废弃后对环境的污染、重复利用资源、变废为宝的生产活动。

　　废船经拆解可获得大量金属材料、机电设备等。据测算，拆解 1 轻吨废船可回收船板、型钢（材）及废钢等钢铁材料 0.9t；回收有色金属 0.01 ～ 0.015t；回收仪器设备约 0.05t，其余为不可利用的废物。2014 年我国共进口废船 88 万 t，拆解后得到 79 万 t 废钢铁，相当于节省 134 万 t 精铁矿粉。

32. 进口废纸对节能减排的贡献有多大？

2014年进口废纸 2 831万t，可得到再生纸约 2 265万t，与采用木浆造纸相比，可减少COD排放125万～208万t，节约标煤约 3 397万t，节水约28亿m³。

　　使用进口废纸造纸与采用木浆造纸相比，节能减排效果显著。2014 年进口废纸 2 831 万 t，可得到再生纸约 2 265 万 t，与采用木浆造纸相比，可减少 COD 排放 125 万～ 208 万 t，节约标煤约 3 397 万 t，节水约 28 亿 m³。

33. 进口废塑料对节能减排的贡献有多大？

进口废塑料加工再利用与利用原油生产塑料产品相比，具有很好的节能减排作用。2014 年我国进口废塑料 846 万 t，与利用原油生产塑料产品相比，可减少二氧化碳排放 2 115 万 t。对推动我国实现气候变化大会上做出的二氧化碳减排承诺具有重要意义。

34. 进口废钢铁对节能减排的贡献有多大？

利用废钢铁生产1t钢铁，比用精铁矿粉生产钢铁可节能60%，节水76%，减少废水排放40%，减少固体废渣产生（不计尾矿）72%。

大量减少废水

减少固体废渣

进口废钢网

废钢铁是一种低碳环保资源，应用废钢炼钢可以大量减少废水、废气和固体废物的排放，降低碳排放。进口废钢铁与采用铁矿石生产钢铁相比，具有很大的节能减排作用。利用废钢铁生产 1t 钢铁，比用精铁矿粉生产钢铁可节能 60%，节水 76%，减少废水排放 40%，减少固体废渣产生（不计尾矿）72%。2014 年我国进口 575 万 t 废钢铁，与使用精铁矿粉生产钢铁相比，可减少排放烟尘约 37 万 t。

35. 进口废五金类对节能减排的贡献有多大？

进口废五金类拆解得到的金属比利用原生矿生产金属相比，具有很大的节能减排作用。以 2014 年为例，我国进口废五金类废物 562

万 t，拆解后得到废钢铁 337 万 t、废铜 96 万 t、废铝 45 万 t。利用废钢铁比使用精铁矿粉生产钢铁可减少排放烟尘约 27 万 t；生产再生铜可节能约 101 万 t 标煤，节水约 3.8 亿 m^3，减少固体废物产生约 36 480 万 t，减少二氧化硫排放约 13 万 t。生产再生铝可节能约 155 万 t 标煤，节水约 990 万 m^3，减少固体废物产生约 900 万 t。

36. 进口铜废碎料对节能减排的贡献有多大？

进口铜废碎料与采用铜矿生产铜相比，具有很大的节能减排作用。2014 年我国进口铜废得到再生铜约 190 万 t，相当于可节能约

200 万 t 标煤，节水约 7.5 亿 m^3，减少固体废物产生约 7.2 亿 t，减少二氧化硫排放约 26 万 t。

37. 进口铝废碎料对节能减排的贡献有多大？

进口铝废碎料与采用铝矿生产铝相比，具有很大的节能减排作用。2014 年我国进口铝废得到再生铝约 220 万 t，相当于节能约 757 万 t 标煤，节水约 4 840 万 m^3，减少固体废物产生约 4 400 万 t。

38. 进口废船对节能减排的贡献有多大？

根据测算，进口废船拆解回收废钢铁约为90%。2014年我国共进口废船约 88 万 t，那么拆解后将得到废钢铁约 79 万 t，比使用精铁矿粉生产钢铁可减少排放烟尘约 7 万 t。

固体废物 GUTI FEIWU
JINCHUKOU GUANLI ZHISHI WENDA

进出口管理知识问答

第三部分
固体废物的鉴别

39. 什么是固体废物鉴别？

固体废物鉴别是指确定固体废物和非固体废物的管理界限，是对物品、物质是否属于固体废物及其类别的分析判断，也称为固体废物属性鉴别。

40. 固体废物鉴别的依据是什么？

2006 年 3 月，国家环境保护总局、国家发展改革委、商务部、海关总署、国家质检总局五部门发布了《固体废物鉴别导则（试行）》（2006 年第 11 号公告），该导则包括适用范围、鉴别程序、固体废物范畴、固体废物判断原则等内容，是我国固体废物鉴别的依据。

2011 年 4 月，环境保护部等五部门发布了《固体废物进口管理办法》，该办法第 28 条明确规定进口固体废物的鉴别应当以《固体废物鉴别导则（试行）》为依据。

该导则包括适用范围、鉴别程序、固体废物范畴、固体废物判断原则等内容，是我国固体废物鉴别的依据。

《固体废物鉴别导则（试行）》

41. 固体废物鉴别和进口固体废物目录有什么关系？

进口固体废物分类管理目录是我国进口废物管理的核心政策，在进口货物固体废物鉴别过程中，进口废物目录是判断、鉴别固体废物的样品或货物能否进口的最直接和最重要的依据。只有列入《限制进口类可用作原料的固体废物目录》和《非限制进口类固体废物目录》

（原《自动许可进口类可用作原料的固体废物目录》）中的固体废物才是允许进口的，而列入《禁止进口固体废物目录》的废物以及没有列入三个废物目录中的废物则不允许进口。为了有利于固体废物案件的处理，委托单位通常要求判断固体废物的类别，鉴别包含废物属于哪一个目录；如果鉴别不属于固体废物，鉴别机构也应给出样品的商品编码归属建议。

42. 哪些机构可以承担固体废物鉴别工作？

可以承担固体废物鉴别工作的机构包括专门鉴别机构和口岸检验检疫机构。

固体废物专门鉴别机构是指由国务院环境保护主管部门、海关总署、国务院质量监督检验检疫部门联合发文指定的从事进口货物固体废物属性鉴别的技术机构。国家环境保护总局、海关总署、国家质检总局在2008年发布了《关于发布固体废物属性鉴别机构名单及鉴别程序的通知》（环发 [2008] 第18号），指定了三家机构从事固体废物属性鉴别，分别是中国环境科学研究院固体废物污染控制技术研究所、中国海关化验室、深圳出入境检验检疫局工业品检测技术中心再生原料检验鉴定实验室。

　　检验机构是指根据《进出口商品检验法》（中华人民共和国主席令2013年第5号）要求设立的负责各地进出口商品检验工作的机构。《固体废物进口管理办法》第28条规定："海关怀疑进口货物的收货人申报的进口货物为固体废物的，可以要求收货人送口岸检验

检疫部门进行固体废物属性检验，必要时，海关可以直接送口岸检验检疫部门进行固体废物属性检验，并按照检验结果处理。口岸检验检疫部门应当出具检验结果，并注明是否属于固体废物。海关或者收货人对口岸所在地检验检疫部门的检验结论有异议的，国务院环境保护行政主管部门会同海关总署、国务院质量监督检验检疫部门指定专门鉴别机构对进口的货物、物品是否属于固体废物和固体废物类别进行鉴别。"

43. 固体废物鉴别应用在哪些方面？

固体废物鉴别主要应用在以下方面：

（1）用于确定进口废物管理类别。进口废物监管中，需要通过鉴别来确定固体废物管理类别，是属于禁止进口类废物、限制进口类废物，还是属于非限制进口类废物（即原自动进口类废物）。例如，海关查扣的进口废纸需要进行鉴别的，这类货物鉴别结果可能是以下情况之一：正常进口的废纸，不得进口的废纸，禁止进口的城市垃圾或生活垃圾，其他货物。

（2）海关监管中怀疑为固体废物的进口货物的鉴别。从 2012—2015 年海关总署开展的打击非法进口固体废物的专项行动看，这类情况最为突出，案例非常多，鉴别难度也最大，鉴别结果或为产品类废物，或为工艺过程中的副产物废物，或为废物二次加工后的产物等。

（3）执法活动中直接查扣货物的固体废物属性鉴别。如缉私部门查扣的走私固体废物，审计机关审计活动涉及的有关固体废物鉴别，环保部门现场检查或监管时需要进行鉴别的物质等。

（4）出口货物的固体废物属性鉴别。这种情况虽比较特殊且少见，但在以往鉴别过程中确实出现了海关委托的鉴别样品。

（5）进口废物的其他情况。如企业为了规避政策风险，在货物进口之前先对少量样品进行固体废物鉴别，以决定是否进口。

（6）国内生产过程中的原材料、过程产物、副产物是否属于固体废物或危险废物的鉴别。

44. 《固体废物鉴别导则（试行）》建立了怎样的鉴别判断程序？

《固体废物鉴别导则（试行）》中规定的固体废物鉴别的判断程序如下：

（1）首先应根据《固体废物污染环境防治法》中的固体废物定义进行判断。

（2）其次是根据本导则所列的固体废物范围进行判断。

（3）根据固体废物的定义和固体废物范围仍难以鉴别的，可根据固体废物的原因和利用或处置的方式进行综合判断。

（4）根据前述仍不能判断的，需要根据物质的特点和影响进行判断，综合考虑物质是否有意生产，市场需求和价值，原有或固有用途，质量控制，环境影响等因素。

（5）对物质、物品或材料是否属于固体废物或非固体废物的判别结果存在争议的，由国家环境保护行政主管部门会同相关部门组织召开专家会议进行鉴别裁定。

（6）在进口环节，进口者对海关将其所进口的货物纳入固体废物管理范围不服的，依照《固体废物污染环境防治法》第26条的规定，可以依法申请行政复议，也可以向人民法院提起行政诉讼。

45. 为什么要制定固体废物鉴别标准？

虽然《固体废物鉴别导则（试行）》对固体废物鉴别发挥着重要作用，但它不是国家标准，还存在程序性和不确定性内容，有些内容在确定待鉴别物质固体废物属性时存在困难。

制定固体废物鉴别标准，有利于完善固体废物鉴别管理体系，有利于全社会对固体废物概念含义的完整理解，有利于统一各鉴别机构的判定尺度。

46. 固体废物鉴别就是检验或实验分析吗？

固体废物鉴别是以物质和物品的特性分析为基础,包括外观特征、物理特性、化学特性、技术指标等,在物质产生来源分析基础上再进行固体废物判断。《固体废物鉴别导则(试行)》或标准中建立的判断规则并没有包括明确的检验或实验分析内容。因此,绝对不能将固体废物鉴别等同为物质的检验或实验分析。本质上来说,固体废物鉴别是一种物质属性的评价和判断活动,而检验或实验分析是按照一定方法获得物品、物质的理化指标和特性数据,是鉴别中采用的技术手段。

47. 危险废物鉴别在固体废物管理中有哪些应用?

危险废物鉴别是确定固体废物是否属于危险废物,危险废物鉴别主要应用在以下方面:

(1)应用在国内固体废物日常监督管理方面。对企业产生的固体废物以及管理对象需要确定是否属于危险废物，具有哪种危险特性，从而制定针对性的管理措施。

（2）应用在危险废物环境污染事故应急处理方面。对环境污染事故中的污染对象进行危险废物定性，以便采取应急措施。

（3）应用在查处和打击违法处置危险废物案件方面。近些年，环保部门和司法机关加强了违法处理处置危险废物的查处打击力度，按照"两高"司法解释，非法排放、倾倒、处置危险废物 3 t 以上的就属于"严重污染环境"情形，可构成刑事犯罪，为了案件的处理，需要对违法处置对象进行危险废物鉴别。

（4）应用在进口废物管理方面。我国法律明确规定禁止进口危险废物，在《进口可用作原料的固体废物环境保护控制标准》（GB 16487.1 ～ GB 16487.13—2005）中禁止进口危险废物以及控制夹杂危险废物是非常重要的要求。进口货物如果鉴别属于危险废物，则应判断属于禁止进口的固体废物。

48. 如何进行固体废物的现场鉴别？

（1）固体废物现场鉴别主要适用于不适合取样送检的且废弃特征非常明确的大件或大宗产品类进口废物的鉴别。

（2）现场鉴别的检验步骤可参照《进口可用作原料的废物检验检疫规程》（SN/T 1791）的开箱、掏箱、拆包步骤进行，其开箱查验、掏箱查验均应高于检验规程中规定的最低比例要求，掏出的货物拆包 / 件的查验比例应占该箱掏出货物的 20% 以上。

（3）现场鉴别应准确记录和描述每一环节查验的货物特征，查验过程中发现含有放射性废物或放射性超标，或发现有废弃炸弹、炮弹等爆炸性武器弹药的，应立即停止查验工作；现场分拣夹杂物的比例已超过相关标准或规范要求的，可终止该件／包或该批货物的分拣工作。

（4）现场鉴别货物（如电子废物）中混有一些独立木箱或木托盛装的产品零部件（如汽车或摩托车零部件）时，鉴别中可不包括这些独立包装的零部件。

（5）现场鉴别还应掌握快速查验、快速出具鉴别报告的原则。

49. 哪些进口货物适合采取现场鉴别方式？

（1）废弃特征非常明显的产品类货物，或属于明令禁止进口的产品类废物，或具有严重环境污染风险的产品类货物，如电子废物、废塑料、废纸、废渔网、废缆绳、废橡胶轮胎、废碎布、废电池等。

（2）疑似进口城市垃圾的货物，进口城市垃圾具有废碎、混杂、脏污的三个典型特征。

（3）其他废弃特征非常明显的大件货物，如废木料、废家具、废汽车、建筑废料、废机械设备等。

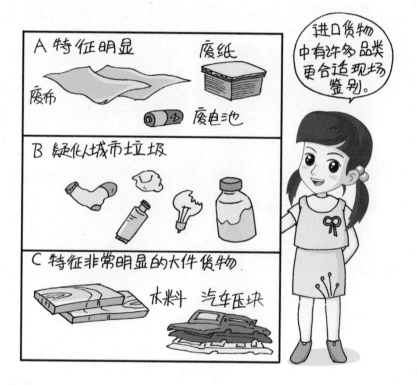

50. 现场鉴别结果如何判定？

对鉴别货物要给出明确的鉴别结论，应区分以下几种情况：

（1）从开箱、掏箱、分拣查看货物符合某类废物的特征，并且符合环境保护标准要求的，判断为允许进口的固体废物，如废纸、废塑料。

（2）从开箱、掏箱、分拣查看货物符合某种废物的特征，但不属于允许进口的固体废物的，判断为禁止进口的固体废物，如电子废物、使用过的脏污编织袋。

（3）从开箱、掏箱、分拣查看货物符合某种允许进口的固体废物的特征，但夹杂物含量超过环境保护标准要求的，且不属于明令禁止进口的固体废物的，判断属于不得进口的固体废物。

（4）从开箱、掏箱、分拣查看货物符合城市垃圾废物特征的，判断属于城市垃圾。

（5）当一批电子废物中混有一些木箱或木托盛装的汽车或摩托车零部件时，鉴别范围可不包括这些零部件，仅对电子废物下鉴别结论。

（6）当一批鉴别货物中同时混有限制进口的废物和禁止进口的废物时，应根据货物整体情况、夹杂物含量情况和禁止进口废物比例情况进行综合判断。

51. 以毛皮和皮革废物为例，产品类废物的鉴别过程是怎样的？

（1）通过样品的外观特征找出样品的基本产生过程和废弃理由。

例如，某毛皮鉴别样品有明显缝制、碎块拼接、无规则裁切、长短大小不一、颜色不均、带有商标、有缺毛掉毛等特征，可判断样品是来自毛皮制品生产中的边角废料、报废品。

（2）咨询行业专家，准确判断样品的物质属性。例如，同样是上述毛皮鉴别样品，一般非毛皮专业人员很难判断是哪一类毛皮，也很难确定样品再利用价值的高低，此时，可咨询毛皮专家。

（3）查找必要的佐证资料，有条件的情况下可对国内同类物品进行现场调研。例如，通过查找资料，皮革制品生产是经过从屠宰剥皮、生皮加工，到成品革、皮革制品加工等非常多的工序环节，每一个环节都可能产生废料，鉴别此类废料应该确定是哪一个环节产生的。

（4）找出判定废物和非废物的基本理由。主要是将鉴别货物废弃特征与相关标准或规范中固体废物的原则进行比较分析，确定判断废物的基本理由。

（5）鉴别为非废物的情况下，也仅是鉴别机构的初步判断，鉴别报告不能代替产品的质量检验。例如，一张尺寸为 $60 \sim 100cm^2$ 的蓝湿牛皮基本不可能是裁切产生的边角料或下脚料，如果厚度、颜色均匀，没有其他太多缺陷的情况下，就难以判断为废品。

（6）鉴别为固体废物情况下，应进行政策符合性分析。主要是研究海关进出口商品政策、环保政策，确定将鉴别样品归入是限制进口的废物还是禁止进口的废物。例如，皮革和毛皮在海关商品分类中是两类不同的商品，皮革废料和毛皮废料显然是两类不同性质和来源的废料，皮革废料被列入了限制进口类废物目录，而毛皮废料就没有被列入，按现行政策，符合一定尺寸大小要求的皮革废料属于可进口的废物，而毛皮废料属于禁止进口的废物。

固体废物

GUTI FEIWU

JINCHUKOU GUANLI ZHISHI WENDA

进出口管理知识问答

第四部分
进口废物管理

52. 进口废物管理的法律法规体系是怎样的？

经过近 20 年的发展，中国固体废物进口管理相关的法律法规不断健全和完善，目前基本形成以 1 部公约（《控制危险废物越境转移及其处置巴塞尔公约》，简称《巴塞尔公约》）和 2 部法律[《刑法》《固体废物污染环境防治法》（中华人民共和国主席令 2004 年第 31 号）]的相关条款为根本，以两部部门规章[《固体废物进口管理办法》（环境保护部令第 12 号）和《进口可用作原料的固体废物检验检疫监督管理办法》（质检总局令 2009 年第 119 号）]、7 项部门规定[2009—

2011 年环境保护部相继发布的《进口废钢铁环境保护管理规定》（环境保护部公告 2009 年第 66 号）和 2015 年《限制进口类可用作原料的固体废物环境保护管理规定》（环境保护部公告 2015 年第 69 号）等专项规定）〕、13 个《进口可用作原料的固体废物环境保护控制标准》（GB 16487.1 ～ GB 16487.13—2005），以及国务院和有关部门的数十份规范性文件为主体的进口可用作原料的固体废物管理的法律法规体系。

53. 《固体废物污染环境防治法》中对于进口废物 管理都有哪些规定？

　　我国对固体废物进口实行分类管理，具体地说，实行两种情况三大类的管理模式。两种情况是指对以利用为目的进口固体废物，按照所进口废物的属性和资源化程度分成两种情况进行管理，一种情况是不能用作原料或者以我国目前的科技水平不能以对环境无害化方式加以利用的固体废物，一律禁止进口；另一种情况是可以用作原料的固体废物，且符合环境保护标准，允许进口。三大类是指在上述两种情况的基础上，对可以用作原料的固体废物进一步分为限制进口和非限制进口两大类。由此，三大类即为列入《禁止进口固体废物目录》的禁止进口类，列入《限制进口类可用作原料的固体废物目录》的需取得许可进口类，列入《非限制进口类可用作原料的固体废物目录》的不用许可即可进口。

54. 进口固体废物管理有哪些重要的部门规章？

进口固体废物管理主要依据两部部门规章：一部是环境保护部等五部门于 2011 年发布的《固体废物进口管理办法》，2011 年 8 月起开始实施；第二部是国家质检总局于 2009 年发布的《进口可用作原料的固体废物检验检疫监督管理办法》，2009 年 11 月起开始实施。

55. 进口废物管理的环境保护控制标准有哪些？

为加强进口废物环境管理，防止进口废物中夹带"洋垃圾"及其他有害物质，保障我国环境安全，1996 年国家环境保护局和国家质检总局发布了《进口可用作原料的固体废物环境保护控制标准》（GB 16487.1 ～ GB 16487.12—1996）。为适应新形势，提高对进口废物质量要求，2005 年国家环保总局、国家质检总局修订了《进口可用作原料的固体废物环境保护控制标准》（GB 16487.1 ～ GB 16487.13—2005），同时作废了 GB 16487.1 ～ GB 16487.12—1996。2011 年发布了《进口废 PET 饮料瓶砖环境保护控制要求（试行）》（环境保护部公告 2011 年第 11 号）。环境保护控制标准及相关要求的情况详见下表。

序号	废物种类	环控标准
1	骨废料	GB 16487.1—2005
2	冶炼渣	GB 16487.2—2005
3	木、木制品废料	GB 16487.3—2005
4	废纸或纸板	GB 16487.4—2005
5	废纤维	GB 16487.5—2005
6	废钢铁	GB 16487.6—2005
7	废有色金属	GB 16487.7—2005
8	废电机	GB 16487.8—2005

序号	废物种类	环控标准
9	废电线电缆	GB 16487.9—2005
10	废五金电器	GB 16487.10—2005
11	供拆卸的船舶及其他浮动结构体	GB 16487.11—2005
12	废塑料	GB 16487.12—2005
13	废汽车压件	GB 16487.13—2005
14	进口废 PET 饮料瓶砖环境保护控制要求（试行）	环境保护部公告 2011 年第 11 号

56. 为什么固体废物进口需要环境保护控制标准？

　　环境保护控制标准主要规定了进口废物中禁止夹带的物质、夹带物的含量，以及如何检验，对于保证进口废物品质、防止"洋垃圾"

非法越境转移具有重大意义。如果一种进口废物无环境保护控制标准，那么就不能保证进口的废物中是否含有禁止进口的物质，难以确定夹带物是否超标，而且通关时也无法进行检验。对于无环境保护控制标准的固体废物是不允许进口的。

57. 进口废物的主要监管机构有哪些?

环境保护部会同商务部、国家发改委、海关总署、国家质检总局建立固体废物进口管理工作协调机制，实行固体废物进口管理信息共享。

海关总署

国家发改委

环境保护部

国家质检总局

我国固体废物进口的监管机构为环境保护部、海关总署、国家质检总局、商务部、国家发展和改革委员会等部门。根据《固体废物进口管理办法》，环境保护部对全国固体废物进口环境管理工作实施统一监督管理。商务部、国家发改委、海关总署和国家质检总局在各自的职责范围内负责固体废物进口相关管理工作。地方环保部门对本行政区域内固体废物进口环境管理工作实施统一监督管理。地方各级商务、发改、海关、质检部门在各自职责范围内对固体废物进口实施相关监督管理。环境保护部会同商务部、国家发改委、海关总署、国家质检总局建立固体废物进口管理工作协调机制，实行固体废物进口管理信息共享，协调处理固体废物进口及经营活动监督管理工作的重要事务。

58. 进口废物的国内管理制度主要有哪些？

《巴塞尔公约》属于进口废物的国际公约，基于此，我国进口废物管理建立了多项管理制度，有目录管理制度、进口许可审查制度、

"圈区管理"制度、检验检疫制度、境外供货商和国内收货人注册登记制度、争议解决机制、退运与处理机制、特殊监管区域规定和废五金类废物定点企业资质认定制度，同时还建立了固体废物鉴别机制。

59.什么是目录管理制度？

目录管理是各个行业中广泛采用的制度。我国对固体废物进口目录实行动态管理。《固体废物污染环境防治法》第25条规定："对可用作原料的固体废物实行限制进口和非限制进口分类管理"；"禁止进口列入禁止进口目录的固体废物"。20世纪90年代，为加强《巴塞尔公约》履约能力，有效控制国际废物转移至我国境内而污染环境，我国分别于 1991 年和 1994 年发文列明严格控制转移到中国的 23 类有害废物和生活垃圾，形成了我国进口可用作原料的固体废物目录管理的雏形。列入《禁止进口固体废物目录》中的废物严禁入境；可进口用作原料的固体废物分为限制类和非限制进口类进行管理。

60. 什么是许可审查制度？

我国对进口可用作原料的固体废物实行许可审查制度。《固体废物污染环境防治法》第 25 条规定："进口列入限制进口目录的固

体废物,应当经国务院环境保护主管部门会同国务院对外贸易主管部门审查许可"。环境保护部委托固体废物与化学品管理技术中心(以下简称固管中心)受理该许可事项的申请并开展技术审查工作。审查的依据主要是《固体废物进口管理办法》《限制进口类可用作原料的固体废物环境保护管理规定》及《可用作原料的固体废物环境控制标准》等相关文件。环境保护部根据固管中心的技术审查意见,对进口可用作原料的固体废物申请进行审定,通过审核的申请,发放进口废物许可证。

61. 什么是"圈区管理"制度?

《固体废物进口管理办法》第 18 条规定:国家鼓励限制进口的固体废物在设定的进口可用作原料的固体废物"圈区管理"园区内

加工利用。进口可用作原料的固体废物"圈区管理"应当符合法律、法规和国家标准要求。进口可用作原料的固体废物"圈区管理"园区的建设规范和要求由国务院环境保护主管部门会同国务院商务主管部门、国务院经济综合宏观调控部门、海关总署、国务院质量监督检验检疫部门制定。

62. 什么是检验检疫制度?

进口可用作原料的固体废物入境前须通过检验检疫程序。

进口可用作原料的固体废物入境前须通过检验检疫程序。《固体废物污染环境防治法》第25条规定:"进口的固体废物必须符合国家环境保护标准,并经质量监督检验检疫部门检验合格。"《固体废物进口管理办法》规定：进口固体废物必须符合《进口可用作原料的固体废物环境保护控制标准》或者相关技术规范等强制性要求。经检验检疫，不符合《进口可用作原料的固体废物环境保护控制标准》或者相关技术规范等强制性要求的固体废物，不得进口。

63. 什么是进口废物国外供货商？

进口废物国外供货商即国家质检总局向进口废物境外供货企业颁发的《进口废物原料境外供货企业注册证书》中列明的废物原料提供单位，即进口废物的供货企业。

64. 什么是进口废物国外供货商注册登记制度？

国外供货商注册登记制度包括境外提供废物企业注册登记的受理、评审、批准、变更、延续、日常监督管理等事项，主要遵守国家质检总局发布的《进口可用作原料的固体废物国外供货商注册登记管理实施细则》（国家质检总局公告 2009 年第 98 号）和《关于进口可用作原料的固体废物国外供货商和国内收货人注册登记工作有关问题的公告》（国家质检总局公告 2013 年第 57 号）。明确规定国外供货商注册申请应向国家质检总局提出，由国家质检总局组织评审组按规定审核，经审核符合注册条件的由国家质检总局准予注册并颁发证书。同时，《中华人民共和国进出口商品检验法实施条例》（国务院令第 447 号）第 22 条和第 53 条也对国外供货商注册登记制度提出要求并明确违反行为的罚则。

65. 什么是进口废物国内收货人？

　　进口废物国内收货人即国家质检总局向废物进口单位颁发的《进口可用作原料的固体废物国内收货人注册登记证书》，该证书列明了收货人的单位名称和国内利用单位。

66. 什么是进口废物国内收货人注册登记制度？

　　按照《中华人民共和国进出口商品检验法实施条例》（国务院令 2005 年第 447 号）、国家质检总局发布的《进口可用作原料的固体废物国内收货人注册登记管理实施细则（试行）》（国家质检总局公告 2009 年第 91 号）和《质检总局关于进口可用作原料的固体废物国外供货商和国内收货人注册登记工作有关问题的公告》（质检总局公告 2013 年第 57 号），国家对进口可用作原料的固体废物的国外供货商、国内收货人实行注册登记制度。国外供货商、国内收货人在签订对外贸易合同前，应取得国家质检总局或者出入境检验检疫机构的注册登记。进口废物国内收货人注册登记制度包括国内收货人注册登记的受理、评审、批准、变更、延续、日常监督管理等事项。

67. 什么是争议解决机制？

　　针对经常出现以进口货物为名大量进口可用作原料的固体废物与实际不符合，而进口者与管理部门又经常对进口的货物是否属于固体废物发生争议的情况，可以诉诸争议解决程序。《固体废物进口管

理办法》规定进口者对海关将其所进口的货物纳入固体废物管理范围不服的,可以依法申请行政复议,也可以向人民法院提起行政诉讼。

68. 什么是退运与处理机制?

退运和处理的主体主要是不符合环控标准的固体废物。按照修改后的《刑法》规定,对非法进口固体废物的行为应依法追究刑事责任;针对进口者逃避、无人承担固体废物退运责任的情况,承运人将作为固体废物退运的共同责任人。

69. 什么是特殊监管区域规定？

特殊区域，确需出区入关作为原料利用的，"按照《固体废物进口管理办法》有关限制进口类固体废物的申请、审批、检验检疫和通关程序执行。"

　　针对海关特殊监管区域长期以来管理无统一尺度，海关特殊监管区域（包括出口加工区、保税区等）内企业产生的固体可用作原料的固体废物进口和入关处置问题比较普遍，原则上此类废物应当复运出境。确需出区入关作为原料利用的，"按照《固体废物进口管理办法》有关限制进口类固体废物的申请、审批、检验检疫和通关程序执行"。确需出区入关处置的，则需申请取得区所在地和接受处置固体废物单位所在地省级环境保护部门同意，提交一系列证明固体废物能被无害化处置的材料，经环境管理部门许可后方可转移。需出区入关处置的固体废物是危险废物的，还必须执行危险废物转移联单制度等危险废物管理的法律制度。

70. 什么是废五金类废物定点企业资质认定制度？

废五金类废物在加工利用过程中环境污染比较大，为了防止污染，废五金类企业必须通过加工利用进口废五金类废物资质认定。各省级环境保护行政主管部门按照公开、公平、廉政、高效的原则，依据《加工利用进口废五金类废物企业认定指南》，开展认定工作，对符合条件的颁发资格证书；企业进口废五金类废物后，省级环保部门应当组织开展现场抽查。我国对废五金类废物加工利用将继续实行总量控制、推进"圈区管理"的原则，推动规模化发展，实现集中监管和污染集中治理。"圈区管理"园区内加工利用进口废五金类废物企业数量可适当增加，园区外原则上不再增加新的企业；其中，有两个以上"圈区管理"园区的省（区、市），园区外一律不予增加新的企业。

确有必要增加新加工利用进口废五金类废物企业的，按照总量控制原则，在现有企业中实行末位淘汰制度（即淘汰一家不合格企业后，方可新增一家合格企业），优先选取排名前面的技术先进、经营规范、环保达标的企业。

71. 固体废物进口许可证应如何办理？

根据《限制进口类可用作原料的固体废物环境保护管理规定》（环境保护部公告 2015 年第 70 号），申请进口限制类废物的企业首先应是固体废物加工利用经营范围的企业法人；在进口废物活动开展前，须根据进口废物种类向环境保护行政主管部门提出行政许可申请，环

境保护部对符合条件的申请企业颁发《进口可用作原料的固体废物进口许可证书》，该证书自颁发之日起，至当年的 12 月 31 日有效。申请进口废物企业获得《进口可用作原料的固体废物进口许可证书》后方可开展废物进口活动。每次进口废物需在有效期内完成国家规定的相应检验检疫及海关质检通关手续。限制进口类废物申请材料由加工利用企业通过省级环境保护行政许可部门代收并出具监督管理情况及初步意见表后提交环境保护部。经过技术审查、公示、审批等程序，符合要求的许可，环境保护部将批准并颁发许可证。

72. 进口废物的国际间合作机制主要有哪些？

中国
我国与国际间合作机制主要有：

与欧盟 已经建立了政策、法规、信息和人员的交流渠道，并初步构建了对涉嫌非法越境转移固体废物的情报交换和联合查证等的工作机制。

与荷兰 建立了双边信息交换机制。

与日本 在司长级对话基础上建立了固体废物管理热线工作机制。

为应对发达国家和地区向我国非法越境转移固体废物的压力，中国和欧盟在认真履行《控制危险废物越境转移及其处置巴塞尔公约》（简称《巴塞尔公约》）的基础上，在预防和控制固体废物非法转移领域开展了积极的合作。目前，中国-欧盟已经建立了政策、法规、信息和人员的交流渠道，并初步构建了对涉嫌非法越境转移固体废物的情报交换和联合查证等的工作机制。中国与荷兰也建立了双边信息交换机制。中国与日本在司长级对话基础上建立了固体废物管理热线工作机制。

73. 内地与港澳特区之间是否建立进口废物领域的两地间转移合作机制？

长期以来，内地与香港特区相关部门密切配合，不断加强信息共享和协调配合，多次开展联合执法行动。2000年1月7日，国家环境保护总局与香港特区环保署共同签署《内地与香港特区两地间废物转移管制合作的备忘录》，建立了两地间废物转移活动的监督管理机制，明确了国家环保总局与香港环保署在履行《巴塞尔公约》方面的协作方式，为双方在废物转移管制领域的进一步合作搭建了沟通的桥梁与平台。2007年11月15日，双方在前期工作的基础上，为进一步规范内地与香港特区经停对方口岸向境外输出危险废物的监督管理机制，进一步加强国家环保总局与香港环保署在打击危险废物非法越境转移领域的合作，为更好地防止国外借道香港向内地转移危险废物，签署了《内地与香港特区两地间废物转移管制合作安排》（简称《合作安排》）。

《合作安排》的签署在内地和香港两地间建立起更加完善的废物转移合作监管机制，两地废物转移管制合作得到进一步加强，打击废物走私力度进一步加大。

内地与澳门之间进口废物领域的两地间转移相对较少，实行一事一议的管理机制。

74. 进口废物需要检验几次？

根据我国进口商品检验检疫要求，一般情况下，进口废物要经过两次检验才能进入我国境内。首先，在国外要经过装运前检验，符合我国进口废物环境保护控制相关标准的废物，才能启运；其次，到港后要向当地口岸检验检疫部门进行进口废物法定检验。

75. 什么是进口废物"装运前检验"？

装运前检验（pre-shipment inspection，PSI）是国际商品贸易中经常采用的一种检验方式，是在 WTO 协议框架下检验机构对所有涉及用户成员方的产品的质量、数量、价格、关税税则目录和商品分类进行核实的一种海关措施，通常由进口国政府有关部门颁布法令，指定一家或多家跨国公证行对本国进口货物实行强制性装船前检验。

进口废物装运前检验是尽可能降低到货的环境风险、减少口岸监管部门的行政管理成本的有效手段。通过实行装运前检验的控制手段，会大幅减少不合格废物的到港风险，进口废物原料的品质得到保障。

76. 进口废物的运输要求有哪些？

进口废物运输包括境外运输和境内运输两部分。

境外运输部分除了要符合出口国、过境国对废物的运输包装和装卸要求外，也要与双方根据进口废物性质签订的运输合同要求相一致，确保运输过程安全。

境内运输须符合道路运输或者内河运输的相关规定，如严禁掺杂危险废物等违禁物品，入境的进口废物要求直接运往加工利用场地，不得私自改变目的地或中途卸货等，并采取防泄漏、防扬散、防渗等环境风险防范措施。

77. 进口废物"圈区管理"有哪些好处？

进口废物"圈区管理"是指将加工利用可用作原料固体废物的企业集中在一个独立性、封闭性较强的区域开展加工利用活动，规范加工利用行为、统一治污、加强监管的进口废物监管模式。实行"圈区管理"旨在推进规范废物的加工利用，园区集中设置污染防治设施，提高进口废物加工利用的环境无害化程度和资源利用率，减少对环境的污染。

原国家环境保护局于1996年提出对进口废物试行"圈区管理"的工作思路，并于1999年会同国务院相关部委在部分省（市）开展对从事进口废五金类废物实行"圈区管理"的试点工作，将从事拆解、利用进口废五金类废物的企业纳入园区集中管理。目前，部分园区将经营内容同时扩大到废塑料的加工利用，部分省份也建设专门的废塑料加工利用园区。

《固体废物进口管理办法》第18条明确规定"国家鼓励限制进口的固体废物在设定的进口废物'圈区管理'园区内加工利用"，同时，对"圈区管理"提出了原则性要求，鼓励在具备一定查验基础和进口交通条件便利的沿海沿边地区，对进口废五金类废物实行"圈区管理"，且应注意合理布局，避免重复建设。

78. 进口废物"圈区管理"园区有多少个？

截至 2013 年 3 月，已通过验收的"圈区管理"园区有 10 家，已批准建设但尚未通过验收的园区有 11 个。

已通过验收的 10 个园区的规划占地面积 62 859 亩[①]，园区全部建成后其废物加工利用规模将达到 4 196 万 t，基本情况如下表。

序号	园区名称	地点	已建成	建设中
1	宁波市镇海再生资源加工园区	浙江宁波	√	
2	天津子牙环保产业园	天津	√	
3	肇庆亚洲金属资源再生工业基地	广东肇庆	√	
4	烟台资源再生加工区	山东烟台	√	
5	河北文安东都再生资源环保产业基地	河北文安	√	
6	鹰潭铜拆解加工园区	江西鹰潭	√	
7	张家港资源再生示范基地（进口废汽车压件）	江苏张家港	√	
8	梧州进口再生资源加工园区	广西梧州	√	
9	福建全通资源再生工业园	福建漳州	√	
10	大连国家生态工业示范园区	辽宁大连	√	
11	江门进口废物圈区管理园区	广东江门		√
12	玉林进口废物圈区管理园区	广西玉林		√

---

① 1 亩 $=1/15 hm^2$。

序号	园区名称	地点	已建成	建设中
13	广东慧鑫进口废弃机电产品集中处置项目	广东梅州		√
14	台州市金属资源再生产业基地	浙江台州		√
15	沈阳进口可利用废物再生示范园区	辽宁沈阳		√
16	辽宁（东港）再生资源产业园	辽宁丹东		√
17	如东进口再生资源加工区	江苏南通		√
18	吉林珲春循环经济产业园	吉林珲春		√
19	安徽开源金属再生产业园	安徽铜陵		√
20	江苏禾润再生资源环保处理加工基地	江苏盐城		√
21	上海临港产业区进口废汽车压件集中拆解利用示范园区（进口废汽车压件）	上海		√

79. 其他国家和地区的进口废物管理有哪些特点？

按照固体废物的危害特性，世界各国大都将固体废物分为危险废物和非危险废物（一般固体废物，绿色废物）进行分类管理。固体废物的流向决定了相应国家固体废物进口管理的侧重点。

作为《巴塞尔公约》缔约国，欧盟各成员国、日本、印度、巴西、越南等170多个国家都建立了危险废物进口管理制度，都需要严格履行公约规定的事先知情通知程序。德国、日本等发达国家则每年都会对从国外进口的危险废物进行利用；越南等固体废物管理水平相对不高的发展中国家大都禁止进口危险废物。美国不是《巴塞尔公约》

缔约国，但其基于经济合作与发展组织（OECD）关于危险废物越境转移的相关决议及其与加拿大、墨西哥、马来西亚、哥斯达黎加和菲律宾等国签署的双边协议，也建立了一套较为完善的进口危险废物管理制度。

美国、日本和欧盟等发达国家和地区固体废物管理水平较高，但是再生资源加工利用的人工成本高昂，导致其每年都会出口大量的再生资源。越南、印度等发展中国家也进口再生资源（越南称为"废料"），作为廉价原料以弥补国内经济快速发展导致的资源相对不足。为防止进口废物污染本国环境，这些国家建立了较为严格的进口废物管理制度。

固体废物 GUTI FEIWU
JINCHUKOU GUANLI ZHISHI WENDA

进出口管理知识问答

第五部分
进口废物的加工利用及其污染控制

80. 废纸如何加工利用？

对于允许进口的不同类别的废纸，加工过程大致可以分为两种情况。

废纸　报纸　纸包装

有杂质　没有杂质

分拣　牛奶盒的边角料

加工再利用

对于允许进口的不同类别的废纸，加工过程大致可以分为两种情况。

未使用过的软饮料包装纸边角料（如牛奶盒）、废纸边角料等废纸均来自于生产车间，没有杂物，不需要分拣可以直接加工利用。此类废纸的成分中一般含有纸、塑料和铝，首先需要经过碎浆程序把纸从其中分开，直接制成纸浆，可以出售或作为造纸原料；对于铝、塑复合成分需加入药剂做进一步分离，分离后的塑料和铝作为生产原料出售。

除含有铝、塑复合成分的废纸以外，其他种类的废纸基本是从社会上收集来的，不可避免会夹带一定数量的其他杂物，此类废纸成分复杂，首先需要通过机械设备或手工方式对废纸进行分选，分选出来的废纸再经碎浆、筛选（多次的粗筛、精筛）、成型、造纸等过程，生产出纸产品出售。

81. 废纸加工利用过程污染如何控制？

进口废纸在加工利用过程中，一般会产生废水、废气、固体废物和噪声。废水主要来自废纸堆场的雨淋污水、碎浆以及筛选过程产生的废水；废气主要来自分选、上料过程产生的粉尘，用于加热的锅炉燃烧废气，燃烧各种废渣产生的废气，以及污水处理厂产生的恶臭等；固体废物主要包括分选出的废塑料、废金属、废木屑、废碎玻璃等废物，碎浆、筛选过程产生的废渣，浮选过程产生的脱墨渣，污水处理厂产生的污泥等；噪声主要来源于各种机器设备的轰鸣，要有消声、减震措施。

针对废纸加工产生的特征污染物指标，企业应配备相应的污染防治设施，制定污染防治措施，使进口废纸加工利用过程产生的各类污染物达标排放。如应建废水收集、处理设施，确保厂区废水有效收集、处理；应安装废气治理设施，确保废气达标排放；对脱墨渣、污水处理污泥、其他不可利用废物应分别交有资质的单位处置。

82. 废塑料如何加工利用？

废塑料一般需要先清洗，再分选，将不同种类的废塑料分开。同时，分拣出不可利用的废塑料或者其他杂物，如塑料标签、瓶盖、废易拉罐、废木屑、碎玻璃等，将分选后去除杂质的废塑料进行破碎，造粒机对破碎料加热，使废塑料呈熔融状态，通过挤出机呈条形挤出、拉丝，然后经水槽冷却，然后剪切成塑料粒子，塑料粒子即成为下游企业的生产原料。

83. 废塑料加工利用过程污染如何控制？

废塑料再生利用过程对环境的影响主要有废水、废气、固体废物和噪声4个方面。

废水是废塑料再生利用过程中的主要污染源，主要产生于废塑料清洗工序，废水中污染物浓度与其生产所采用的废塑料性质有密切关系，需要经过污水处理设施处理达标后排放。废塑料再生利用过程产生的大气污染物主要为粉尘和有机废气。粉尘主要来源于废塑料的破碎过程，一般采用集气罩收集后经过布袋除尘器处理后排放。各种塑料在高温挤出及注塑的过程会挥发出一定量的有机气体，有机烃类物质在高温下会产生碳氢化合物、苯、甲苯、二甲苯等有机废气，经活性炭等处理达标后排放。固体废物主要包括分拣过程产生的不可利用废物、布袋除尘器的除尘灰、造粒过程更换下来的废过滤网、活性炭吸附装置吸附饱和后产生的废活性炭等。产生的固体废物应交有资质的单位处理处置。废塑料再生利用过程中的噪声主要来源于破碎机、注塑机、造粒机、风机等设备工作时产生的噪声，可以安装隔音降噪装置减少噪声污染。

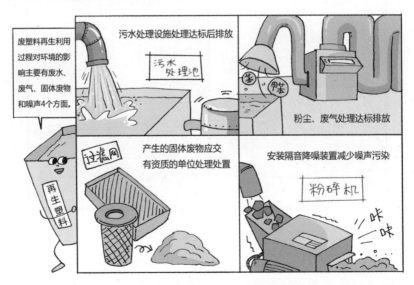

我国发布的《进口废塑料环境保护管理规定》（环境保护部公告 2013 年第 3 号），对产生的污染物做出了明确的规定和要求，应

配备相应的污染防治设施，制定污染防治措施，使进口废塑料加工利用过程产生的各类污染物达标排放。

84. 废钢铁如何加工利用？

废钢铁的利用，主要是指废钢铁的简单加工和预处理加工。

①分拣出混入的橡胶、木材、塑料等杂物。

②分拣后进行预处理，将废钢铁剪成不同尺寸的废料。

小

中

大

主要是指废钢铁的简单加工和预处理加工。

首先对进口废钢铁进行简单分拣，将混入的生铁（如暖气片）、橡胶、塑料、木材等分拣出来，然后再对分拣后的废钢铁进行预处理，将废钢铁剪切成不同尺寸的废料，作为钢铁冶炼企业原料直接利用。

目前，对废钢铁的预处理方式一般有两种：一种是热加工也就是火焰切割，火焰切割又分为氧气切割和电切割（等离子切割）；另一种是冷加工也就是机械加工，一般采用剪切机切割和破碎机破碎。

85. 废钢铁加工利用过程污染如何控制？

废钢铁加工利用过程一般会产生烟尘、粉尘、固体废物等。烟尘主要产生于对废钢铁的火焰切割，粉尘主要产生于对废钢铁的机械破碎。固体废物主要有粉尘、橡胶、塑料、木材等，需分别交专业化单位处理。

为减少废钢铁加工利用环境污染问题，火焰切割应尽量安排在封闭厂房内进行，安装空气净化、收集装置，减少对人体的伤害。应在厂区内安装洒水降尘设施，减少粉尘的污染。加工场地应进行硬化处理，建设废水收集、处理设施，安排废油回收储存设备，将收集的粉尘、橡胶、塑料、木材、泥土块、废油等分别交相应专业化单位利用或处置。

86. 废五金类如何拆解加工利用？

进口废五金类废物包括废五金电器、废电机、废电线、废电缆等再生资源，不同类别的废五金类废物，其加工利用设备和工艺不完全相同。

加工废五金电器主要通过切割机等机械设备拆解，然后再进行手工拆解。

加工废电机，其主要设备应有切割机、拉拔机或拉铜机，以及手工拆解工具。主要通过切割机等机械设备拆解后，再以手工方式拆解。拆解产生的废电线、电缆需要利用剥线机加工。

加工废电线、电缆的主要设备有剥线机、压线机、铜米机、破碎机等，剥线机或压线机主要用于处理直径较粗及长度较短的废线缆，通过设备直接将塑料皮和金属剥离；铜米机或破碎机主要用于处理直径细、无法用剥线机或压线机剥离的线缆，破碎后的金属和塑料可以通过风选或水选的方式进行分离，经水选后的金属和塑料还需要经过脱水机脱水或直接晾晒，以去除水分。

87. 废五金类加工利用过程污染如何控制？

加工废电机和废五金电器时会产生粉尘、铁锈、玻璃、废橡胶等，应按照一般工业固体废物处理。

加工废五金电器还可能产生油泥、印刷线路板等，应按照危险废物处理。

根据加工废电线电缆过程的不同工艺，会产生不同的污染物。用剥线机或压线机直接将废线缆剥离的，除噪声以外，基本无其他污染物产生；用铜米机或破碎机处理废线缆的，除产生噪声以外，风选工艺会有粉尘产生，水选工艺会有废水和废渣产生。废水一般经企业污水处理设施处理后，排入污水集中收集处理设施中或直接排放，废渣按照一般工业固体废物处理。

88. 铜废碎料如何加工利用？

从事铜废碎料分选、拆解的企业主要将进口的铜废碎料经手工挑选，分离出非金属、其他金属和废铜，按照客户的要求，将分拣出的废铜再经废铜破碎机（切碎机）、剪切机等机械方式处理后销售。

从事铜废碎料冶炼的企业首先对进口的铜废碎料进行分选，然后进行熔炼生产再生铜。目前我国生产再生铜的方法主要有两大类：一是将废杂铜直接熔炼成不同类别的铜合金或精铜；二是将废杂铜先经火法处理铸成阳极铜，然后电解精炼成电解铜并在电解过程中提取其他有价金属。

89.铜废碎料加工利用过程污染如何控制？

进口铜废碎料分选过程会产生少量的固体废物，如非金属和其他金属。该部分固体废物一般可以作为原料出售，少部分不可利用的废物，交给专业化单位处置。

根据再生铜的生产工艺，其主要污染包括废水、废气和固体废物。

废气包括熔炼炉烟气、阳极炉烟气等，废水包括电解液碱性生产废水、冷却水等，冷却水基本回收再利用。固体废物包括熔炼炉渣、阳极炉精炼渣、烟尘、锅炉渣、收尘渣、中和渣、阳极泥等。

烟气的污染物主要来源于原料中夹杂物的燃烧。首先，要从源头对原料进行有效的预处理，分离出塑料等杂质，减少这些杂质在炉中燃烧而产生的污染物。其次，要提高熔炼过程的燃烧效果，使烟气得到充分燃烧，减少如二噁英等污染物的形成。最后，末端应安装有效的除尘、喷淋设施，对烟气进行有效收集。废水主要是电解废液，电解废液中含有一定数量的有价金属，应建设废液回收设施，综合提取废液中的有价金属，减少废液产生数量。同时，应安装污泥脱水隔油沉淀设施，对废液有效处理。

90. 废船如何拆解？

废船加工利用主要指将废船拆解获得废钢铁等再生资源的过程。

拆解之前，根据废船特性制定拆解方案，特别要注意船上油、水分布情况，列明船上危险废物种类、位置，并在船上做好标记。

拆解一般按照船尾、船首、中部的次序，遵循由上向下、由里及外、左右平衡的原则。

拆解过程主要包括检验消毒、清舱、上层建筑及舱面拆解、机械设备拆解、船体头尾拆解、船体中部拆解、船体底部拆解、船体小拆、拆解产物分类等工序。

废船拆解一般主要使用大型起吊机、卷扬机、切割机、船坞、平板车、运输车等设备。

91. 废船拆解过程污染如何控制？

进口废船体积庞大，结构复杂，组成多元，既有船体多年使用过程中携带的废物，又有拆解下来的废物。

废船拆解过程会产生废水、废气、噪声以及固体废物。产生的废水主要有机舱油废水、压舱水（含油）、含污雨水、船坞清洗废水。废气主要包括气切割机在拆船过程中的工艺废气、柴油发电机（备用电源）燃油废气等。噪声主要来自拆船过程中各种机械设备和各类敲打的声音。拆解废船过程中产生的危险废物一般包括油泥、废石棉、废油漆、含多氯联苯（PCBs）废物、废水处理设施污泥、含有危险废物的生活垃圾等，一般固体废物包括生活垃圾、水泥混凝土、碎玻璃、废木料、废塑料、船底泥等。

我国发布了《进口废船环境保护管理规定（试行）》（环境保护部公告 2010 年第 69 号），对产生的污染物做出了明确的规定和要求，应配备相应的污染防治设施，制定污染防治措施，做到绿色拆解，使拆解产生的各类污染物达标排放。

92. 我国加工利用进口固体废物企业有多少？

2014 年，进口废物加工利用企业 2 300 余家。近十年来，我国从事废物进口的企业数呈下降趋势，最大的降幅出现在 2006 年，下降 24%；第二次明显下降出现在 2012 年，下降 10.6%。这两次明显下降应该与相关的政策制度调整有关。

第一次下降是由于《固体废物污染环境防治法》（中华人民共和国主席令 第 31 号）于 2005 年 4 月 1 日起实施，该法律对废物进口有了更严格的管理要求，部分小、散、乱的企业逐步退出了加工进口废物行业。

第二次下降是由于《固体废物进口管理办法》（环境保护部、商务部、国家发展改革委、海关总署、国家质检总局令 2011 年第 12 号）于 2011 年发布实施，进一步加强了对进口废物加工企业环保能力的要求，提高了企业的准入门槛。

93. 我国进口废物加工利用企业主要分布在哪里？

加工利用企业普遍分布在辽宁、河北、天津、山东、江苏、浙江、福建、广东、广西等东南沿海地区，其中超过 50% 的企业位于广东和浙江两省。以 2014 年为例，广东、浙江、江苏、山东、天津五省市合计约占进口废物企业总量的 80%。

按照加工利用废物种类划分，废塑料加工利用企业约占 60%，废金属加工利用企业约占 30%，废纸加工利用企业约占 10%。

固体废物 **GUTI FEIWU**
JINCHUKOU GUANLI ZHISHI WENDA

进出口管理知识问答

第六部分
进口废物的潜在
风险控制

94. 进口固体废物有特殊污染风险吗？

固体废物，从来源上可分为国内产生的固体废物和进口的固体废物，作为同一种类的废物，其属性相同，对其加工利用所引发的环境风险理论上没有差别。

对于不同种类的废物，因其属性和用途的差别，对其加工利用产生的污染因子不同，不可一概而论，需要分种类、分工艺探讨。另外，各企业技术水平、污染防治能力不同，对污染的防治能力差异较大，对环境的危害自然就不同了。

总体而言，进口废物加工利用是在风险可控下有序开展的。

95. 固体废物进口哪些过程存在环境污染风险？

废物进口过程包括国外供货、检验检疫、通关、加工利用企业 4 个主要环节。

4 个环节管理不当，均存在一定的环境风险。供货过程，容易夹带我国禁止进口的废物，或拟出口废物不符合我国的环保控制标准，如夹带生活垃圾、废油漆、危险废物等，上述废物一旦入境，存在较大的环境污染风险；检验过程，由于需要查验的进口废物数量大，无法做到全部查验，存在进口废物不符合环境控制标准的风险，上述废物一旦入境，存在环境污染风险；废物通关后，存在企业倒卖固体废物的风险，上述废物一旦被倒卖到不规范企业或小作坊，由于缺乏有效监管，存在环境污染风险；加工利用过程，一般情况下，废物再生利用过程会产生废水、废气、固体废物和噪声等，管理不当，存在二次环境污染风险。

96. 进口废物的夹杂物风险如何控制？

　　进口废物夹杂物是指在产生、收集、包装和运输过程混入进口废物中的其他物质（不包括进口废物的包装物及在运输过程中需使用的其他物质）。为防止进口废物夹带有毒有害物质，造成我国环境危害和风险，国家环保总局会同国家质检总局于 2005 年制定并发布了 13 项进口可用作原料的固体废物环境保护控制标准，自 2006 年 2 月 1 日起实施。2011 年 2 月 12 日，环境保护部和国家质检总局发布并实

施了《进口废 PET 饮料瓶砖环境保护控制都要求（试行）》，只有
符合标准的废物才允许进口。进口废物夹杂物含量应符合环境保护控
制标准的相应指标要求。各类进口废物企业在对外签订进口合同时，
应在合同中订明夹杂物含量符合环境保护控制标准，不得超标等内
容。进口废物在国外装船前应进行检验，入境前由质检部门进行检验，
符合环境保护控制标准的予以放行，不符合的予以退运。

97. 进口废物过程的走私风险如何控制？

进口废物走私是指以进口废物的名义，进口国家禁止进口的固
体废物，或以伪报、瞒报、虚假申报方式进口固体废物，或通过非设
关地进口固体废物的活动。我国应充分利用国际公约、国际执法合作、
境外情报等手段和平台，防止"洋垃圾"越境转移。环保、海关、质检、
商务、公安、工商等部门协作加强对进口固体废物的管理，有利于打
击"洋垃圾"走私活动。

98. 进口固体废物倒卖对环境有哪些影响？

按照规定，倒买倒卖固体废物是违法违纪行为。固体废物倒卖
一般分为两种情况，一种是卖给符合环保要求、规范的加工利用企
业，如果接收企业能够按照要求对进口废物进行加工利用，对于产
生的废水、废气、固体废物和噪声得到有效处理，基本无环境污染
风险。另一种是卖给不规范的企业或小作坊，这种企业或小作坊一
般不具备污染防治能力，加工利用过程逃离环境监管，存在较大环
境污染风险。

99. 进口废物加工利用环节环境风险如何控制？

在加工利用过程中通常会产生废水、废气、固体废物和噪声污染。国家严格控制从事进口废物的加工利用，实行许可审批制度并纳入地方的污染物排放总量控制，禁止没有相应污染防治设施和措施的企业加工利用进口废物。

100. 进口废物残余物处置风险如何控制？

残余物的非法处理处置存在潜在的污染环境风险。进口废物为非规范产品，成分复杂，加工利用过程中会产生一些不可利用的残余物。比如，废塑料加工利用使用的滤网和废活性炭、污泥及残渣等。

按照规定，这些废物需要交给有资质的单位进行处理处置。有些企业采取露天焚烧滤网、循环利用滤网的行为属于违法行为，应予以杜绝。

有些企业采取露天焚烧滤网、循环利用滤网的行为属于违法行为，应予以杜绝。

101. 进口废物的辐射危害风险如何控制？

进口废物的辐射危害主要是指进口废物中含有放射性物质或者被放射性物质辐射的物体放射出的辐射危害。各类进口废物企业在对外签订进口合同时，应在合同中订明货物不得混有放射性污染物。口岸检验检疫机构对进口废物放射性污染物进行检验，不符合要求的，实施退运。进口废物的放射性污染检验，应尽可能在口岸通道或边境中间地带进行，以便发现问题后在货物尚未通关前及时退运，避免造成进一步的污染。进口废物可先经过口岸门式放射性监测仪的检测，一旦发现异常，即可进一步复检。一经确定三项放射性监测指标中有超过规定限值的，按规定出具不符合检验证书，并交海关和环保部门组织退运或处置。

102. 进口废物的运输风险如何控制？

进口废物在码头转运及运输过程中如果发生集装箱破损，废物散落，可能会造成堵塞交通，引发交通事故，污染环境。装卸运输环节必须严格执行操作规范，避免事故发生。如发生废物散落于地，应立即清理现场、消除隐患。运输环节尽可能地减少人为的不安全行为，遵守交通规则，最大限度地减少交通事故导致的散落或起火，同时运输车辆要配有专门的灭火设施，以降低火灾风险。运输时要合理选择行驶时间、路线、停车地点，降低运输过程中交通事故发生的可能，装卸作业有专人负责安全监督。在运输途中，发现泄漏应主动采取措施，防止事故进一步扩大。

103. 进口废塑料贮存风险如何控制？

进口废塑料成分复杂，经过长途运输到达加工利用企业后，贮存期间主要存在环境污染和火灾风险。废塑料若露天堆放，降雨会将废塑料上的污染物带入水体和土壤，导致地表水体和地下水的污染；另外，露天堆放废塑料容易造成"白色污染"。由于塑料的可燃性，贮存不当容易引发火灾。

为控制环境污染风险，贮存场地需要建有围墙，废塑料需贮存在厂房或厂棚内，露天贮存的应加盖防雨设施并安装防水衬垫，尽量避免扬散和雨淋。为了防止废塑料满天乱飞，要求贮存场地要有防风功能和措施。为控制火灾风险，要求堆放废塑料的场地要符合消防的要求，注意防热、防光，通风并采取相应措施等。

104. 进口废纸的贮存风险如何控制？

进口废纸在贮存期间主要存在环境污染和火灾风险。环境污染风险一方面是废纸在风的作用下容易扬散，另一方面是废纸经雨水淋洗后会溶解出污染物，处理不当，会污染环境。火灾风险一方面是由于废纸长期贮存引发的自燃，另一方面是其他明火引起的燃烧。

为控制环境污染风险，贮存场地需要建有围墙，废纸需贮存在厂房或厂棚内，露天贮存的应加盖防雨设施，尽量避免扬散和雨淋。同时，贮存场地应全部硬化，并设有集水和排水设施，对雨水进行收集和处理。为控制火灾风险，应对废纸堆进行通风，避免因温度高引发自燃，并预留车辆进出通道，对发现的火情可及时控制。

105. 进口废金属的贮存风险如何控制？

进口废金属会混杂废塑料、废橡胶等有机物以及废木头、油污、废纸及其他夹杂物，贮存期间主要存在环境污染和火灾风险，要求夹杂物含量不超过 2%。在其贮存过程中，废金属易沾染油污，应预防油污等不可利用废物会污染土壤和地下水。另外，废五金类废物中成分较复杂，特别是可能有燃点低、易爆的废物混入，容易引发火灾。

为有效控制环境风险和安全风险，废五金贮存库需具有防雨、防风、防渗、防火等功能，禁止露天堆放，保持通风并防雨淋；贮存仓库设置明显的标志，分区、分类堆放不同品种的废五金；地面要求硬化，无明显破损现象；贮存场地地面冲洗水要通过管道收集后进入污水处理厂妥善处理；对各类火种、火源和有散发火花危险的机械设备、作业活动，以及可燃、易燃物品等实行严格管理，禁止人员带火种进入贮存场所；应配备消防设施，并对各类安全设施、消防器材，进行定期检查，对发现的问题落实整改。

第七部分
危险废物出口管理

106. 什么是固体废物出口？

固体废物出口，是指将我国境内产生的固体废物运出国境的活动，包括一般固体废物出口和危险废物出口。

对于一般固体废物，尚没有明确的管理规定和要求，实际操作中，曾经有依据进口国法律并参照《巴塞尔公约》执行的案例，即通知进口国是否确认接收该批废物及其用途等事项，在获得进口国同意后，企业就可以出口了，不需要办理出口许可。

对于危险废物，我国《危险废物出口核准管理办法》规定，在我国境内产生的危险废物应尽量在境内进行无害化处置，减少出口量，降低危险废物出口转移的环境风险，基于这种原则下开展的危险废物出口，禁止出口到《巴塞尔公约》非缔约方。同时，我国产生、收集、贮存、利用、处置危险废物的单位，向我国境外《巴塞尔公约》缔约方出口危险废物，必须取得危险废物出口核准。环境保护部负责核准危险废物出口申请，并进行监督管理。

107. 我国的危险废物可以出口吗？

我国的危险废物可以出口，但必须取得危险废物出口核准。

危险废物处置不当容易对环境和人体造成严重的危害。国际上考虑到发展中国家处置和管理危险废物的能力有限，允许危险废物越境转移，应确保危害程度降至最低。但同时规定，为避免运输风险和对进口国造成污染，危险废物的越境转移需要进行严格的控制，并制定了《控制危险废物越境转移及其处置巴塞尔公约》，以规范各国间的危险废物越境转移行为。

我国根据《控制危险废物越境转移及其处置巴塞尔公约》和有关法律、行政法规制定了《危险废物出口核准管理办法》（国家环保总局令 2008 年第 47 号），对危险废物的出口实行核准制。在符合环境无害化的原则下，申请材料齐全，且征得进口国（地区）和过境国（地区）主管部门书面同意后，可以向相应的《巴塞尔公约》缔约方出口危险废物。

108. 危险废物出口需要办理哪些特别的手续？

危险废物的出口除按照一般商品出口办理相应的手续外，还需按照《危险废物出口核准管理办法》的要求，向国务院环境保护主管部门提出危险废物出口核准申请。

国务院环境保护主管部门对该申请按照受理、材料审查、初步核准、履行预先通知程序、最终核准的流程进行审批。对能够在进口国进行无害化处理、申请材料复合要求且已征得进口国（地区）和过境国（地区）主管部门书面同意的申请予以核准，并颁发《危险废物出口核准通知单》，同时将核准结果通知危险废物所在地和境内运输途经地区的省级人民政府环境保护主管部门。在危险废物出口过程中及处理完毕后，出口企业需要按照《危险废物出口核准管理办法》的要求，向国务院环境保护主管部门报送相应的单据。

109. 哪些单位可以申请出口危险废物？

根据《危险废物出口核准管理办法》，产生、收集、贮存、处置、利用危险废物的单位，在取得危险废物出口核准后，均可向中华人民共和国境外《巴塞尔公约》缔约方出口危险废物。

其中，收集、贮存、处置、利用危险废物的单位，是指根据《危险废物经营许可证管理办法》（国务院令 2004 年第 408 号），按照规定取得从事相应活动许可的单位，包括持有危险废物收集、贮存、处置综合经营许可证或危险废物收集经营许可证的单位。

110. 哪些危险废物的出口需要履行预先通知程序？

《巴塞尔公约》规定的"危险废物"和"其他废物"。

（1）根据我国法律法规定义的"危险废物"。即列入《国家危险废物名录》或者根据国家规定的危险废物鉴别标准和鉴别方法认定

的具有危险特性的固体废物。

（2）《巴塞尔公约》规定的"危险废物"和"其他废物"。"危险废物"：属于《巴塞尔公约》附件一所列的任何类别的废物，除非其不具备附件三所列的任何特性。"其他废物"：从住家收集的废物和从焚化住家废物产生的残余物。

（3）进口国缔约方或者过境国缔约方立法确定的"危险废物"。

111. 我国现阶段出口的危险废物都有哪些种类？

近年来，我国出口的危险废物都是能够作为再循环或者回收工业的原材料，且能够在进口国以环境无害化方式利用的废物。主要有HW17 表面处理废物（电镀污泥）、HW26 含镉废物（含镉电池废料）、HW31 含铅废物（电弧炉炼钢除尘灰）、HW42 废有机溶剂（废剥离液和废乳化液）、HW46 含镍废物（含镍电池废料）、HW49 其他废物（废弃的印刷电路板、废电池、危险废物物化处理过程中产生的废水污泥）等。

112. 我国的危险废物都出口到哪些国家？

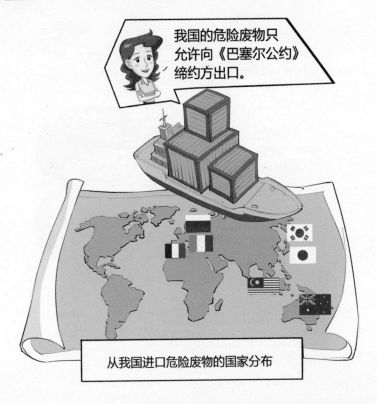

我国的危险废物只允许向《巴塞尔公约》缔约方出口。

从我国进口危险废物的国家分布

我国的危险废物只允许向《巴塞尔公约》缔约方出口。近年来，从我国进口危险废物的主要国家有德国、新加坡、韩国、比利时、日本、澳大利亚、法国 7 个。

113. 上述危险废物为什么出口？

从进口企业的角度分析，危险废物出口的目的都是利用。进口企业能将危险废物在进口国作为再循环或者回收工业的原材料，能以环境无害化方式利用进口的危险废物。

从出口企业的角度分析，出口的主要原因是经济利益。具体可分为3类：①企业出口在使用保税物料加工过程中产生的残次品和边角料，避免在国内处理需要缴纳进口关税。②国外收购价高于国内，企业为了获得更高的经济利益而出口危险废物。③企业委托国外具有原料生产和废弃原料处理能力的企业对其产生的废弃原料（如废有机溶剂）进行再加工，以降低废物处理成本和原料采购成本。

固体废物 GUTI FEIWU
JINCHUKOU GUANLI ZHISHI WENDA

进出口管理知识问答

第八部分
公众参与和社会责任

114. 进口固体废物与我们有关吗？

进口固体废物与我们的日常生活息息相关。我国约 50% 的再生纸原料来自进口固体废物，进口废 PET 瓶经过经破碎拉丝后可生产服装纤维，进口废塑料经过清洗造粒后可再生为新的塑料制品等。

我们要正确看待可用作原料固体废物的资源化的积极意义，支持正常的固体废物进口活动，对进口废物加工利用企业进行监督。同时，坚决反对固体废物的非法进口，防止不合格固体废物非法向我国越境转移。

115. 能否在家从事进口废物加工利用？

《进口可用作原料的固体废物环境保护管理规定》（环境保护部公告 2011 年第 23 号）规定了进口固体废物加工利用企业应当符合的环境保护要求。如加工利用企业应属于依法成立的并具有增值税一般纳税人资格和固体废物加工利用经营范围的企业法人，具有符合环保标准的加工利用场地、设施、设备及配套的污染防治设施和措施，符合建设项目环境保护管理有关规定，具有防止进口固体废物污染环境的相关制度和措施等要求。

因此，根据以上要求个人不能在家从事进口废物加工利用。

116. 公众发现有不规范经营进口废物该怎么办？

《固体废物进口管理办法》第七条规定："任何单位和个人有权向各级环境保护行政主管部门、商务主管部门、经济综合宏观调控部门、海关和出入境检验检疫部门，检举违反固体废物进口监管程序和进口固体废物造成污染的行为。"公众如果发现不规范经营进口废物行为，可以通过 12369 环保举报热线电话和微信公众平台，向环保部门举报；也可向当地商务、海关、质检等部门举报。

公众举报进口废物不规范经营行为时，应明确具体投诉对象、事发地点以及具体不规范行为等事项。

环保举报热线

117. 发现进口旧衣物（旧服装）后该如何处理？

　　旧衣物属于《禁止进口固体废物目录》，因此在我国进口旧衣物属于违法行为。进口的旧衣物属于走私行为，因为是通过非正规渠道进入我国，旧衣物中可能含有病毒、细菌等有害物质，危害人体健康。公众如果发现某些服装为进口的旧衣物，请勿购买和穿戴，并向环保、海关等有关部门举报。

旧衣服属于《禁止进口固体废物目录》，因此在我国进口旧衣服属于违法行为。

118. 进口废物的代理企业有哪些社会责任？

《进口可用作原料的固体废物环境保护管理规定》规定代理进口企业应当具有进口可用作原料的固体废物国内收货人注册登记资格，且加工利用企业为相应《进口可用作原料的固体废物国内收货人注册登记证书》中列明的"所代理的加工利用企业"。代理进口企业要严格按照相关法规政策要求，把好进口废物的第一道关口，确保进口废物符合我国进口废物相关标准，防止不合格废物进入我国境内，威胁生态环境和人体健康。

119. 进口废物的加工利用企业有哪些社会责任？

《进口可用作原料的固体废物环境保护管理规定》规定了进口废物加工利用企业应当符合的环境保护要求，因此进口废物加工利用企业应根据相关法规政策和技术标准要求实施进口废物加工利用活动。加工利用企业应当属于依法成立的并具有增值税一般纳税人资格和固体废物加工利用经营范围的企业法人；具有加工利用所申请进口固体废物的场地、设施、设备及配套的污染防治设施和措施，并符合国家或者地方环境保护标准规范的要求；符合建设项目环境保护管理有关规定；具有防止进口固体废物污染环境的相关制度和措施；申请进口固体废物数量与加工利用能力和污染防治能力相适应等。加工利用企业发现所进口废物属于我国禁止进口废物或者不符合相关标准要求，要主动向环保、质检和海关部门报告，并按要求将不符合要求的废物退运回原产国；主动公开进口废物加工利用、加工利用过程中污染防治等情况，接受公众和社会监督。

120. 媒体对废物进口可发挥哪些作用？

媒体应正确引导公众区分可用作原料的固体废物和"洋垃圾"的舆论导向，积极宣传进口废物资源化的作用、非法进口废物对我国的危害，形成社会各方面广泛参与的氛围。

121. 废塑料进口舆论宣传应注重哪些方面？

长期以来，进口废塑料行业、企业的真实情况被部分媒体误读或误导，废塑料行业环境经济价值未被社会认可。随着行业发展形势的变化，国内废塑料行业发展迅速。进口废塑料及再生塑料行业舆论宣传应注重以下几个方面：

（1）科学认识废塑料行业价值。废塑料小作坊的做法让大家印象深刻，埋没了废塑料再生利用行业的主流，让大家忽视了废塑料行业环境经济价值。实际上，从废塑料到再生塑料是物理过程，从原油勘探、开采、炼化、聚合的过程中资源能源消耗、碳排放、水的消耗远大于采用废塑料再生利用。

（2）环境污染在规模化企业中已得到解决。废塑料加工利用行业经过多年的治理整顿和行业自我发展，已经成为具有 2 000 亿元产值的行业，二次污染问题在规模型企业中已经基本解决。废塑料行业很多依靠进口原料的大中型企业加工过程几乎不产生污染，技术水平高，装备先进，产品附加值高，环境意识好。

（3）人人参与行业正面宣传。人人都是废塑料的生产者，每个人都有回收再生塑料的责任，但是人们往往看到的负面信息，没有看到行业主流企业的规模和技术水平以及带来的良好的经济环境价值。